国家出版基金项目 国家出版基金资助项目
"十四五"国家重点出版物规划项目

国家通用手语系列

中国残疾人联合会 组编

地理常用词通用手语

中 国 聋 人 协 会 编
国家手语和盲文研究中心

华夏出版社
HUAXIA PUBLISHING HOUSE

前　言

　　地理学是研究地理环境以及人类活动与地理环境关系的科学，具有综合性、区域性等特点。地理学兼有自然科学和社会科学的性质，在现代科学体系中占有重要地位。地理课是聋校义务教育阶段的一门基础课程，在引导听力残疾学生科学地认识人类的地球家园，培育他们的人地协调观、家国情怀、全球视野，以及批判性思维、创新精神和实践能力上具有重要价值。同时，根据听力残疾学生的身心特点，《聋校义务教育地理课程标准（2016年版）》提出"在地理教学的过程中，教师要坚持使用规范化的手语"。

　　20世纪90年代，中国聋人协会编辑的《中国手语》首次将一些地理常用词手语单列。2005年，中国残疾人联合会教育就业部委托上海市教育委员会教研室研究自然科学专业手语，2011年，《理科专业手语》出版，其中专门列出天文地理方面的手语词。2016年，教育部颁布了《聋校义务教育地理课程标准（2016年版）》，聋校新的地理教材开始使用，地理课程的内容和结构在更新和扩大，地理学科的专业手语需要补充。同时，随着国家通用手语研究的深入，需要对原地理手语中的部分手势进行修改，以进一步丰富和完善体现地理学科特点的专业手语，使之成为全国聋人教育机构地理教学通用的规范性手语。

　　在常用词目选择方面，根据教育部《聋校义务教育地理课程标准（2016年版）》和《义务教育地理课程标准（2022年版）》所规定的宇宙中的地球、地球运动、地球表层的自然环境与人文环境、中国地理、世界地理、地理工具与地理实践的内容进行筛选，基本覆盖聋校地理教材中的常用词，并少量收入普通高中地理课程的一些专业术语，尽可能地满足听力残疾学生学习地理知识的需要。

　　在手语表达方面，依据手语语言学理论，通过反复讨论、比较，尽量选取能比较简明、正确地表达地理概念的形象手语动作。有的词目新增聋人普遍使用的手语动作，如"台风（飓风）"，作为对《国家通用手语词典》的补充。《国家通用手语词典》收录的地名手语，本书直接引用，并做了必要的调整和补充。其中，新补充的我国地名手语多数采用当地聋人的手语，若聋人中尚无恰当表达该地名的手语，国家手语和盲文研究中心会同中国聋人协会手语研究与推广委员会共同进行研究和提出一种手语打法以便于教学；外国聋人对同一地名的手语也存在差异，本书根据出现时间相对较近的外国聋人的手语语料，对"俄罗斯""乌克兰""厄瓜多尔""摩洛哥"等国的手语动作进行了微调，同时补充了一些新的外国地名手语。目前尚无约定俗成的表达中外人名的手语，本书采用"汉语手指字母

"+手势"的方式表达。

为了让听力残疾学生正确地学习地理知识，教学中需要将手语使用与图形、文字等相联系，使学生理解地理手语动作的设计理据及其与地理概念之间的关系；还要注意在表达诸如"南水北调""西电东送"的意思时，颠倒手语词序，发挥手语形象性的作用，进而正确地理解和使用手语。

《地理常用词通用手语》共收入词目 1099 个（含列在括号中的同义词、近义词）。其中，❶❷为词目相同、词义不同的词；①②为词目和词义相同，但手语动作有差异的词。

参加地理常用词通用手语研究的有：国家手语和盲文研究中心顾定倩、王晨华、于缘缘、高辉、乌永胜、恒森、仇冰，中国聋人协会手语研究与推广委员会邱丽君、徐聪、陈华铭、仰国维、沈刚、胡晓云，北京市手语研究会周旋，北京启喑实验学校张洋、孙联群，北京市健翔学校李东方，天津市聋人学校王健，南京市聋人学校朱峰。

全书文字说明和统稿由顾定倩负责，绘图由孙联群负责。

本书在编写过程中得到帅铃（北京），岳建民、任会文（内蒙古），张睿军（山西），周艳艳、任爽（辽宁），金山中（吉林），丁健、刘彦荣（黑龙江），杨在申、单仁冰、王玉婷（上海），武伟星、吴耀宇（江苏），卢苇、毛董莱、郑叶矛（浙江），徐林（福建），袁小勤、李翼（江西），潘双琴（湖北），易思雄（湖南），张南、崔连富（广东），徐凯枫（海南），晁健、张慧（陕西），赵志斌、刘鑫、吴明哲（甘肃），杨应锋（青海），木拉力·哈尔木、刘梵（新疆），王怡、朱艳、黄燕、宋丰娟（四川），刁驰（重庆），周绍光（贵州），李国兵、韩翠波、桂晶、曹灿波（云南），吾根卓嘎（西藏），徐晨（台湾）等全国各地的聋人以及一些海外聋人同胞和国外聋人的帮助，他们提供了地名手语语料。自然资源部咨询研究中心副研究员王春雷为本书词目提供了专业性意见。本书得到中国残疾人联合会教育就业部副主任韩咏梅，教育处林帅华、郑莉，华夏出版社有限公司副总编辑曾令真的关心和支持。华夏出版社国家通用手语数字推广中心刘娲、徐聪、王一博、李亚飞、许婷，信息中心副编审臧明云为本书的编辑、出版付出了辛勤的努力。在此，谨向所有关心、支持地理常用词通用手语研究的单位和人士表示衷心的感谢！

限于我们的专业水平和能力，本书难免存在不完善之处，希望广大读者提出意见，以便今后进一步完善。

《地理常用词通用手语》编写组

2023 年 6 月

目　　录

2. 自然地理

3. 其他

四、世界地理

汉语手指字母方案

（中华人民共和国教育部、国家语言文字工作委员会、中国残疾人联合会
2019 年 7 月 15 日发布，2019 年 11 月 1 日实施）

前　　言

本规范按照 GB/T1.1—2009 给出的规则起草。

本规范遵循下列原则起草：

稳定性原则。汉语手指字母在我国聋人教育和通用手语中已使用半个多世纪，影响深远。其简单、清楚、象形、通俗的设计原则和手指字母图示风格具有中国特色，被使用者熟识和接受。本规范保持原方案的设计原则、内容框架和图示风格。

实践性原则。本规范所作的所有修订均来自汉语手指字母使用过程中发现的问题。

时代性原则。本规范吸收现代语言学和手语语言学理论的最新成果。

规范性原则。本规范力求全面、准确地图示和说明每个手指字母的指式、位置、朝向及附加动作，图文体例、风格与 GF0020—2018《国家通用手语常用词表》保持一致。

本规范代替 1963 年 12 月 29 日中华人民共和国内务部、中华人民共和国教育部、中国文字改革委员会公布施行的《汉语手指字母方案》，与原《汉语手指字母方案》相比，主要变化如下：

——根据语言文字规范编写规则，采用新的编排体例；

——调整了术语"汉语手指字母"的定义；

——调整了字母"CH"的指式；

——调整了字母"A、B、C、D、H、I、L、Q、U"指式的呈现角度；

——增加了术语"远节指""近节指""中节指""书空"的定义；

——增加了表示每个汉语手指字母指式的位置说明；

——增加了《汉语拼音方案》规定的两个加符字母"Ê、Ü"指式的图示和"Ü"指式的使用说明。

本规范由中国残疾人联合会教育就业部提出。

本规范由国家语言文字工作委员会语言文字规范标准审定委员会审定。

本规范起草单位：北京师范大学、国家手语和盲文研究中心。

本规范起草人：顾定倩、魏丹、王晨华、高辉、于缘缘、恒淼、仇冰、乌永胜。

汉语手指字母方案

1　范围

本规范规定了代表汉语拼音字母的指式和表示规则。适用于全国范围内的公务活动、各级各类教育、电视和网络媒体、图书出版、公共服务、信息处理中的汉语手指字母的使用以及手语水平等级考试。

2　规范性引用文件

下列注日期的引用文件均适用于本规范。

《汉语拼音方案》（1958 年 2 月 11 日第一届全国人民代表大会第五次会议批准）

GF0020—2018《国家通用手语常用词表》（2018 年 3 月 9 日中华人民共和国教育部、国家语言文字工作委员会、中国残疾人联合会发布，2018 年 7 月 1 日实施）

3　术语和定义

下列术语和定义适用于本规范。

3.1

汉语拼音方案 scheme for the Chinese phonetic alphabet

给汉字注音和拼写普通话语音的方案。1958 年 2 月 11 日第一届全国人民代表大会第五次会议批准。采用拉丁字母，并用附加符号表示声调，是帮助学习汉字和推广普通话的工具。

3.2

手形 handshape

表达汉语手指字母时手指的屈、伸、开、合的形状。

3.3

位置 location

表达汉语手指字母时手的空间位置。

3.4

朝向 orientation

表达汉语手指字母时手指所指的方向和掌心（手背、虎口）所对的方向。

3.5

动作 movement

表达加符字母 Ê、Ü 时手的晃动动作。

3.6

指式 finger shape

含有位置、朝向和附加动作的代表拼音字母的手形。

3.7

汉语手指字母 Chinese manual alphabet

用指式代表汉语拼音字母，按照《汉语拼音方案》拼成普通话；也可构成手语词或充当手语词的语素，是手语的组成部分。

3.8

远节指 distal phalanx

带有指甲的手指节。

3.9

近节指 proximal phalanx

靠近手掌的手指节。

3.10

中节指 middle phalanx

远节指与近节指之间的手指节。

3.11

书空 tracing the character in the air

用手指在空中比画汉语拼音声调符号或隔音符号。

4   汉语手指字母指式

4.1

单字母指式

《汉语拼音方案》所规定的二十六个字母，用下列指式表示：

Aa	右手伸拇指，指尖朝上，食、中、无名、小指弯曲，指尖抵于掌心，手背向右。
Bb	右手拇指向掌心弯曲，食、中、无名、小指并拢直立，掌心向前偏左。
Cc	右手拇指向上弯曲，食、中、无名、小指并拢向下弯曲，指尖相对成 C 形，虎口朝内。

D d	右手握拳，拇指搭在中指中节指上，虎口朝后上方。
E e	右手拇、食指搭成圆形，中、无名、小指横伸，稍分开，指尖朝左，手背向外。
F f	右手食、中指横伸，稍分开，指尖朝左，拇、无名、小指弯曲，拇指搭在无名指远节指上，手背向外。
G g	右手食指横伸，指尖朝左，中、无名、小指弯曲，指尖抵于掌心，拇指搭在中指中节指上，手背向外。
H h	右手食、中指并拢直立，拇、无名、小指弯曲，拇指搭在无名指远节指上，掌心向前偏左。
I i	右手食指直立，中、无名、小指弯曲，指尖抵于掌心，拇指搭在中指中节指上，掌心向前偏左。
J j	右手食指弯曲，中节指指背向上，中、无名、小指弯曲，指尖抵于掌心，拇指搭在中指中节指上，虎口朝内。

K k	右手食指直立,中指横伸,拇指搭在中指中节指上,无名、小指弯曲,指尖抵于掌心,虎口朝内。
L l	右手拇、食指张开,食指指尖朝上,中、无名、小指弯曲,指尖抵于掌心,掌心向前偏左。
M m	右手拇、小指弯曲,拇指搭在小指中节指上,食、中、无名指并拢弯曲搭在拇指上,指尖朝前下方,掌心向前偏左。
N n	右手拇、无名、小指弯曲,拇指搭在无名指中节指上,食、中指并拢弯曲搭在拇指上,指尖朝前下方,掌心向前偏左。
O o	右手拇指向上弯曲,食、中、无名、小指并拢向下弯曲,拇、食、中指指尖相抵成O形,虎口朝内。
P p	右手拇、食指搭成圆形,中、无名、小指并拢伸直,指尖朝下,虎口朝前偏左。
Q q	右手拇指在下,食、中指并拢在上,拇、食、中指指尖相捏,指尖朝前偏左,无名、小指弯曲,指尖抵于掌心。

R r	右手拇、食指张开，食指指尖朝左，拇指指尖朝上，中、无名、小指弯曲，指尖抵于掌心，手背向外。
S s	右手拇指贴近手掌，食、中、无名、小指并拢微曲与手掌成 90 度角，掌心向前偏左。
T t	右手拇、中、无名指指尖相抵，食、小指直立，掌心向前偏左。
U u	右手拇指贴近手掌，食、中、无名、小指并拢直立，掌心向前偏左。
V v	右手食、中指直立分开成 V 形，拇、无名、小指弯曲，拇指搭在无名指远节指上，掌心向前偏左。
W w	右手食、中、无名指直立分开成 W 形，拇、小指弯曲，拇指搭在小指远节指上，掌心向前偏左。
X x	右手食、中指直立，中指搭在食指上，拇、无名、小指弯曲，拇指搭在无名指远节指上，掌心向前偏左。

Y y	右手伸拇、小指，指尖朝上，食、中、无名指弯曲，掌心向前偏左。
Z z	右手食、小指横伸，指尖朝左，拇、中、无名指弯曲，拇指搭在中、无名指远节指上，手背向外。

4.2

双字母指式

《汉语拼音方案》所规定的四组双字母（ZH，CH，SH，NG），用下列指式表示：

ZH zh	右手食、中、小指横伸，食、中指并拢，指尖朝左，拇、无名指弯曲，拇指搭在无名指远节指上，手背向外。
CH ch	右手拇指在下，食、中、无名、小指并拢在上，指尖朝左成扁"コ"形，虎口朝内。
SH sh	右手拇指贴近手掌，食、中指并拢微曲与手掌成90度角，无名、小指弯曲，指尖抵于掌心，掌心向前偏左。
NG ng	右手小指横伸，指尖朝左，拇、食、中、无名指弯曲，拇指搭在食、中、无名指上，手背向外。

4.3

加符字母指式

《汉语拼音方案》所规定的两个加符字母（Ê、Ü）用原字母（E、U）指式附加如下动作表示：

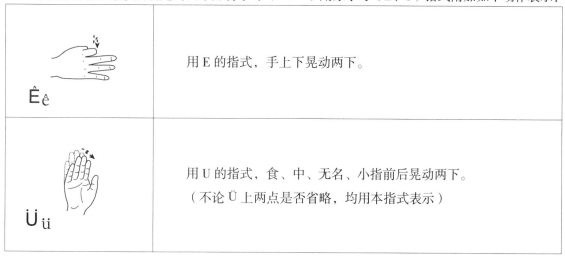

Êê	用 E 的指式，手上下晃动两下。
Üü	用 U 的指式，食、中、无名、小指前后晃动两下。 （不论 Ü 上两点是否省略，均用本指式表示）

4.4

声调符号和隔音符号表示方式

阴平（—）、阳平（ ╱ ）、上声（ Ⅴ ）、去声（ ╲ ）四种声调符号，用书空方式表示。隔音符号"'"也用书空方式表示。

5　使用规则

5.1

使用手

汉语手指字母、声调符号和隔音符号一般用右手表示；如用左手表示，方向作相应的改变。

5.2

手的位置

表示汉语手指字母时，手自然抬起，不超过肩宽。

表示手指字母"A、B、C、D、H、I、J、K、L、M、N、O、Q、S、T、U、V、W、X、Y、SH"时，手的位置在同侧胸前；表示手指字母"E、F、G、R、Z、ZH、CH、NG"时，手的位置在胸前正中；表示手指字母"P"时，手的位置在同侧腹部前。

5.3

图示角度

本规范的汉语手指字母图为平视图，以观看者的角度呈现。

手势动作图解符号说明

	表示沿箭头方向做直线、弧线移动，或圆形、螺旋形转动。
	表示沿箭头方向做曲线或折线移动。
	表示向同一方向重复移动。
	表示双手或双指同时向相反方向交替或交错移动。
	表示上下或左右、前后来回移动。
	表示沿箭头方向反复转动。
	表示沿箭头方向一顿，或到此终止。
	表示沿箭头方向一顿一顿移动。
	表示手指交替点动、手掌抖动或手臂颤动。
	表示双手先相碰再分开。
	表示拇指与其他手指互捻。
	表示手指沿箭头方向边移动边捏合。
	表示手指沿箭头方向收拢，但不捏合。
	表示双手沿箭头方向同时向相反方向拧动，并向两侧拉开。
	表示握拳的手按顺序依次伸出手指。

手位和朝向图示说明

	手侧立，手指指尖朝前，掌心向左或向右。
	手横立，手指指尖朝左或朝右，掌心向前或向后。
	手直立，手指指尖朝上，掌心向前或向后、向左、向右。
	手斜立，手指指尖朝左前方或右前方，掌心向左前方或右前方、左后方、右后方。
	手垂立，手指指尖朝下，掌心向前或向后、向左、向右。

手平伸，手指指尖朝前，掌心向上或向下。

手横伸，手指指尖朝左或朝右，掌心向上或向下。

手侧伸，手指指尖朝左侧、右侧的斜上方或斜下方，掌心向左侧、右侧的斜上方或斜下方。

手斜伸，手指指尖朝前、后、左、右的斜上方或斜下方，掌心向前、后、左、右的斜上方或斜下方。

手斜伸，手指指尖朝前、后、左、右的斜上方或斜下方，掌心向前、后、左、右的斜上方或斜下方。

一、一般词汇

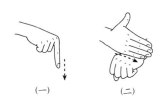

地理　dìlǐ

（一）一手伸食指，指尖朝下一指。

（二）左手握拳，手背向上；右手侧立，沿左手背从后向前移动一下。

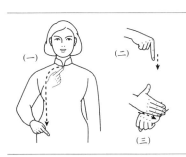

中国地理　zhōngguó dìlǐ

（一）一手伸食指，自咽喉部顺肩胸部划至右腰部。

（二）一手伸食指，指尖朝下一指。

（三）左手握拳，手背向上；右手侧立，沿左手背从后向前移动一下。

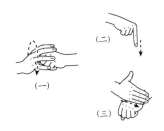

世界地理①　shìjiè dìlǐ ①

（一）左手握拳，手背向上；右手五指微曲张开，从后向前绕左拳转动半圈。

（二）一手伸食指，指尖朝下一指。

（三）左手握拳，手背向上；右手侧立，沿左手背从后向前移动一下。

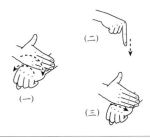

世界地理②　shìjiè dìlǐ ②

（一）左手握拳，手背向上；右手侧立，置于左手腕，然后双手同时前后反向转动。

（二）一手伸食指，指尖朝下一指。

（三）左手握拳，手背向上；右手侧立，沿左手背从后向前移动一下。

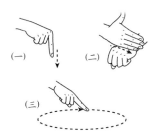

地理环境　dìlǐ huánjìng

（一）一手伸食指，指尖朝下一指。

（二）左手握拳，手背向上；右手侧立，沿左手背从后向前移动一下。

（三）一手伸食指，指尖朝下划一大圈。

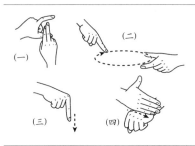

区域地理　qūyù dìlǐ

（一）左手拇、食指成"匚"形，虎口朝内；右手食、中指相叠，手背向内，置于左手"匚"形中，仿"区"字形。

（二）左手拇、食指成半圆形，虎口朝上；右手伸食指，指尖朝下，沿左手虎口划一圈。

（三）一手伸食指，指尖朝下一指。

（四）左手握拳，手背向上；右手侧立，沿左手背从后向前移动一下。

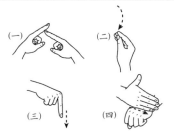

人文地理　rénwén dìlǐ

（一）双手食指搭成"人"字形。

（二）一手五指撮合，指尖朝前，撇动一下，如执毛笔写字状。

（三）一手伸食指，指尖朝下一指。

（四）左手握拳，手背向上；右手侧立，沿左手背从后向前移动一下。

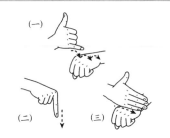

旅游地理　lǚyóu dìlǐ

（一）左手握拳；右手伸拇、小指，小指在左手背上随意点几下，表示到世界各地旅游。

（二）一手伸食指，指尖朝下一指。

（三）左手握拳，手背向上；右手侧立，沿左手背从后向前移动一下。

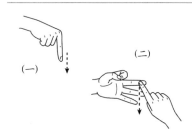

地名　dìmíng

（一）一手伸食指，指尖朝下一指。

（二）左手中、无名、小指横伸分开，掌心向内；右手伸食指，自左手中指尖向下划动。

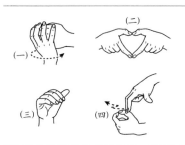

核心素养　héxīn sùyǎng

（一）左手握拳；右手五指微曲，手背向外，从右向左绕左拳转动半圈。

（二）双手拇、食指张开仿"♡"形，手背向外，置于胸部。

（三）一手打手指字母"S"的指式。

（四）左手拇、食指捏成圆形，虎口朝上；右手伸拇、食、中指，食、中指并拢弯曲，指尖朝下，在左手虎口处向外拨动两下。

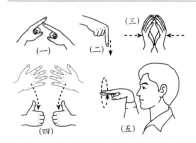

人地协调观　rén-dì xiétiáoguān

（一）双手食指搭成"人"字形。

（二）一手伸食指，指尖朝下一指。

（三）双手直立，掌心左右相对，五指微曲，从两侧向中间移动。

（四）双手横立，掌心向内，五指张开，边向下转动边食、中、无名、小指弯曲，指尖抵于掌心。

（五）一手食、中指分开，指尖朝前，手背向上，在面前转动一圈。

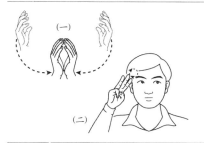

综合思维　zōnghé sīwéi

（一）双手五指微曲，掌心左右相对，从上向下做弧形移动并合拢。

（二）一手打手指字母"W"的指式，在太阳穴前后转动两圈，面露思考的表情。

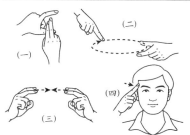

区域认知　qūyù rènzhī

（一）左手拇、食指成"匚"形，虎口朝内；右手食、中指相叠，手背向内，置于左手"匚"形中，仿"区"字形。

（二）左手拇、食指成半圆形，虎口朝上；右手伸食指，指尖朝下，沿左手虎口划一圈。

（三）双手食、中指微曲，指尖左右相对，从两侧向中间移动。

（四）一手伸食指，点一下太阳穴。

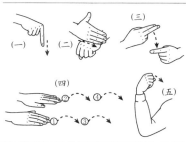

地理实践力　dìlǐ shíjiànlì

（一）一手伸食指，指尖朝下一指。

（二）左手握拳，手背向上；右手侧立，沿左手背从后向前移动一下。

（三）左手食指横伸；右手食、中指相叠，敲一下左手食指。

（四）双手平伸，掌心向下，交替向前移动几下。

（五）一手握拳屈肘，用力向内弯动一下。

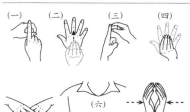

中华民族共同体　Zhōnghuá Mínzú gòngtóngtǐ

（一）左手拇、食指与右手食指搭成"中"字形。

（二）一手五指撮合，指尖朝上，边向上微移边张开。

（三）左手食指与右手拇、食指搭成"民"字的一部分。

（四）一手五指张开，指尖朝上，然后撮合。

（五）双手食、中指搭成"共"字形，手背向上。

（六）一手食、中指横伸分开，手背向上，向前移动一下。

（七）双手直立，掌心左右相对，五指微曲，从两侧向中间移动。

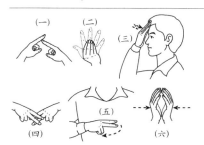

人类命运共同体　rénlèi mìngyùn gòngtóngtǐ

（一）双手食指搭成"人"字形。

（二）一手五指张开，指尖朝上，然后撮合。

（三）一手食、中、无名、小指并拢，掌心向内，拍两下前额。

（四）双手食、中指搭成"共"字形，手背向上。

（五）一手食、中指横伸分开，手背向上，向前移动一下。

（六）双手直立，掌心左右相对，五指微曲，从两侧向中间移动。

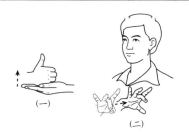

尊重自然　zūnzhòng zìrán

（一）左手横伸；右手伸拇指，置于左手掌心上，左手向上一抬。

（二）右手拇、中指相捏，边碰向左胸部边张开。

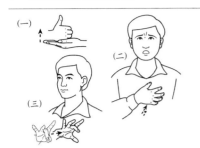

敬畏自然　jìngwèi zìrán

（一）左手横伸；右手伸拇指，置于左手掌心上，左手向上一抬。

（二）一手五指微曲，掌心向内，按两下胸部，面露害怕的表情。

（三）右手拇、中指相捏，边碰向左胸部边张开。

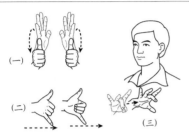

顺应自然　shùnyìng zìrán

（一）双手直立，掌心左右相对，五指张开，边向前转腕边食、中、无名、小指弯曲，指尖抵于掌心，拇指直立。

（二）双手伸拇、小指，一前一后，同时向前移动。

（三）右手拇、中指相捏，边碰向左胸部边张开。

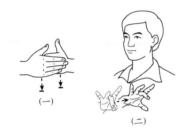

保护自然　bǎohù zìrán

（一）左手伸拇指；右手横立，掌心向内，五指微曲，置于左手前，然后双手同时向下一顿。

（二）右手拇、中指相捏，边碰向左胸部边张开。

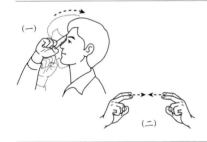

意识　yì·shí

（一）一手食指抵于太阳穴，头同时微抬。

（二）双手食、中指微曲，指尖左右相对，从两侧向中间移动。

分布　fēnbù

一手五指弯曲，掌心向下，在腹前任意移动几下。

（可根据实际表示分布的位置）

位置　wèi·zhì

左手横伸；右手五指弯曲，指尖朝下，置于左手掌心上，表示物体的位置。

范围　fànwéi

　　一手打手指字母"F"的指式，在身前顺时针转动一圈。

接壤　jiērǎng

　　双手横伸，掌心向下，左手在后不动，右手向后碰一下左手。

 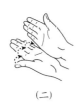

（一）　　　（二）

类型　lèixíng

　　（一）一手五指张开，指尖朝上，然后撮合。

　　（二）左手平伸；右手斜立于左手掌心上，然后向右一顿一顿做弧形移动。

（一）　　　　（二）

特征　tèzhēng

　　（一）左手横伸，手背向上；右手伸食指，从左手小指外侧向上伸出。

　　（二）双手拇、食指成"⌐⌐"形，置于脸颊两侧，上下交替动两下。

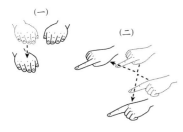

（一）　　　（二）

差异　chāyì

　　（一）双手平伸，掌心向下，左手不动，右手向下一沉。

　　（二）双手伸食指，指尖朝前，手背向上，先互碰一下，再分别向两侧移动。

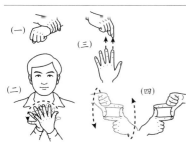

（一）　（三）
（二）　　（四）

因地制宜　yīndì-zhìyí

　　（一）左手握拳，手背向上；右手握住左手腕。

　　（二）双手直立，掌心前后相贴，五指张开，左手不动，右手向右转动一下。

　　（三）左手直立，掌心向内，五指张开；右手拇、食指先向上揪一下左手食指，再向上揪一下左手中指。

　　（四）双手伸拇、食指，先一正一反，再一反一正，交替搭成方形。

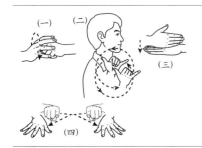

世界遗产　shìjiè yíchǎn

（一）左手握拳，手背向上；右手五指微曲张开，从后向前绕左拳转动半圈。

（二）双手伸拇、小指，指尖朝上，交替向肩后转动。

（三）左手横伸；右手横立，掌心向内，置于左手背上，然后向下一按。

（四）双手食指指尖朝前，手背向上，先互碰一下，再分开并张开五指。

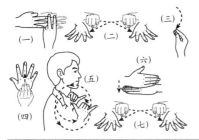

非物质文化遗产　fēiwùzhì wénhuà yíchǎn

（一）左手食、中指直立分开，手背向外；右手中、无名、小指横伸分开，手背向外，从左向右划过左手食、中指，仿"非"字形。

（二）双手食指指尖朝前，手背向上，先互碰一下，再分开并张开五指。

（三）一手五指撮合，指尖朝前，撇动一下，如执毛笔写字状。

（四）一手五指撮合，指尖朝上，边向上微移边张开。

（五）双手伸拇、小指，指尖朝上，交替向肩后转动。

（六）左手横伸；右手横立，掌心向内，置于左手背上，然后向下一按。

（七）双手食指指尖朝前，手背向上，先互碰一下，再分开并张开五指。

二、地球

1. 地球的宇宙环境

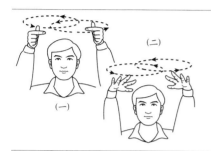

宇宙（太空、星云） yǔzhòu (tàikōng、xīngyún)

（一）双手拇、食指搭成"十"字形，在头前上方交替平行转动两下，表示茫茫星海。

（二）双手平伸，掌心向下，五指张开，在头前上方交替平行转动两下。

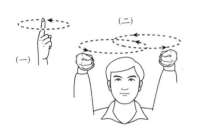

天体 tiāntǐ

（一）一手食指直立，在头一侧上方转动一圈。

（二）双手五指捏成球形，虎口朝上，在头前上方交替平行转动两下。

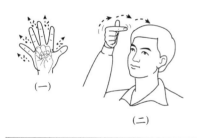

恒星 héngxīng

（一）一手五指撮合，指尖朝前，连续做开合的动作，表示恒星是可发光的星体。

（二）一手拇、食指搭成"十"字形，在头前上方随意晃动几下，眼睛注视手的动作。

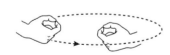

行星 xíngxīng

双手拇、食指捏成圆形，虎口朝上，左手不动，右手绕左手逆时针平行转动一圈。

卫星 wèixīng

左手握拳，手背向外；右手拇、食指捏成圆形，虎口朝上，绕左拳转动一圈，表示宇宙自然存在的一个星体绕另一个星体转动。

人造卫星 rénzào wèixīng

左手握拳，手背向外；右手拇、食指捏成圆形，其他三指分开，绕左拳转动一圈，表示人造卫星绕宇宙自然存在的星体转动。

彗星 huìxīng

右手拇、食指相捏，其他三指横伸分开，掌心向内，在头前上方从左上方向右下方做弧形移动，眼睛注视手的动作。

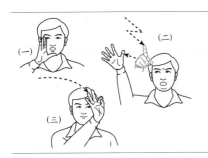

哈雷彗星 Hāléi huìxīng

（一）一手五指成"⌐"形，虎口贴于嘴边，口张开。

（二）一手伸食指，指尖朝前，在头前上方做"ч"形划动，然后猛然张开五指，同时眨眼张口，表示雷声。

（三）右手拇、食指相捏，其他三指横伸分开，掌心向外，在头前上方从右上方向左下方做弧形移动，眼睛注视手的动作。

流星 liúxīng

一手拇、食指搭成"十"字形，在头前上方快速向一侧划动，眼睛注视手的动作。

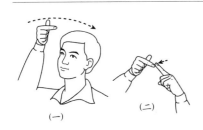

流星体 liúxīngtǐ

（一）右手拇、食指搭成"十"字形，在头前上方快速向一侧划动，眼睛注视手的动作。

（二）右手拇、食指搭成"十"字形；左手伸食指，指一下右手。

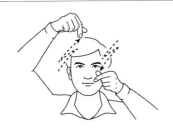

流星雨 liúxīngyǔ

双手拇、食指搭成"十"字形，在头前上方交替向斜下方划动，眼睛注视手的动作。

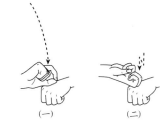

陨石　yǔnshí

（一）左手握拳；右手拇、食指捏成圆形，虎口朝内，从上向下砸向左手背。

（二）左手握拳；右手食、中指弯曲，以指关节在左手背上敲两下。

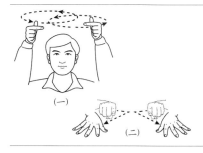

星际物质　xīngjì wùzhì

（一）双手拇、食指搭成"十"字形，在头前上方交替平行转动两下，表示茫茫星海。

（二）双手食指指尖朝前，手背向上，先互碰一下，再分开并张开五指。

（"物质"的手语存在地域差异，可根据实际选择使用）

银河（银河系）　yínhé（yínhéxì）

双手五指张开，左手掌心向内，在下，右手掌心向外，在上，同时顺时针上下转动一下。

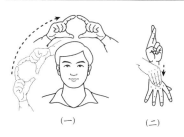

太阳系　tàiyángxì

（一）双手拇、食指搭成圆形，虎口朝内，从头右侧向头顶做弧形移动，表示太阳升起。

（二）左手打手指字母"X"的指式，在上不动；右手五指撮合，指尖朝下，边从左手腕向下移动边张开，表示系统。

水星　shuǐxīng

（一）一手伸食指，指尖贴于下嘴唇。

（二）一手拇、食指搭成"十"字形，在头前上方晃动几下，眼睛注视手的动作。

金星　jīnxīng

（一）双手伸拇、食、中指，食、中指并拢，交叉相搭，右手中指蹭一下左手食指。

（二）一手拇、食指搭成"十"字形，在头前上方晃动几下，眼睛注视手的动作。

火星   huǒxīng

（一）双手五指微曲，指尖朝上，上下交替动几下，如火苗跳动状。

（二）一手拇、食指搭成"十"字形，在头前上方晃动几下，眼睛注视手的动作。

木星   mùxīng

（一）双手伸拇、食指，虎口朝上，手腕向前转动一下。

（二）一手拇、食指搭成"十"字形，在头前上方晃动几下，眼睛注视手的动作。

土星   tǔxīng

（一）一手拇、食、中指相捏，指尖朝下，互捻几下。

（二）一手拇、食指搭成"十"字形，在头前上方晃动几下，眼睛注视手的动作。

天王星   tiānwángxīng

（一）一手食指直立，在头一侧上方转动一圈。

（二）左手中、无名、小指与右手食指搭成"王"字形。

（三）一手拇、食指搭成"十"字形，在头前上方晃动几下，眼睛注视手的动作。

海王星   hǎiwángxīng

（一）双手平伸，掌心向下，五指张开，上下交替移动，表示起伏的波浪。

（二）左手中、无名、小指与右手食指搭成"王"字形。

（三）一手拇、食指搭成"十"字形，在头前上方晃动几下，眼睛注视手的动作。

冥王星   míngwángxīng

（一）一手打手指字母"M"的指式。

（二）左手中、无名、小指与右手食指搭成"王"字形。

（三）一手拇、食指搭成"十"字形，在头前上方晃动几下，眼睛注视手的动作。

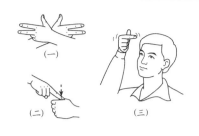

北极星　běijíxīng

（一）双手伸拇、食、中指，手背向外，手腕交叉相搭，仿"北"字形。

（二）左手握拳，手背向外，虎口朝上；右手伸食指，指一下左手虎口，表示地球上的北极。

（三）一手拇、食指搭成"十"字形，在头前上方晃动几下，眼睛注视手的动作。

月亮（月球①）　yuè·liang（yuèqiú①）

双手拇、食指张开，指尖相对，虎口朝内，边从中间向两侧做弧形移动边相捏，如弯月状。

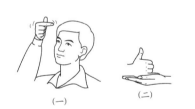

月球②　yuèqiú②

（一）双手拇、食指张开，指尖相对，虎口朝内，边从中间向两侧做弧形移动边相捏，如弯月状。

（二）双手五指微曲张开，掌心左右相对，如球状。

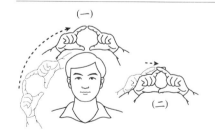

星座　xīngzuò

（一）一手拇、食指搭成"十"字形，在头前上方晃动几下，眼睛注视手的动作。

（二）左手横伸；右手伸拇、小指，置于左手掌心上。"坐"与"座"音同形近，借代。

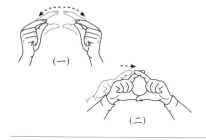

日食　rìshí

（一）双手拇、食指搭成圆形，虎口朝内，从头右侧向头顶做弧形移动，表示太阳升起。

（二）双手拇、食指弯曲，虎口朝内，然后左手不动，右手向左手移动并遮挡左手。

（可根据日偏食、日全食的不同决定遮挡的程度）

月食　yuèshí

（一）双手拇、食指张开，指尖相对，虎口朝内，边从中间向两侧做弧形移动边相捏，如弯月状。

（二）双手拇、食指弯曲，虎口朝内，然后左手不动，右手向左手移动并遮挡左手。

（可根据月偏食、月全食的不同决定遮挡的程度）

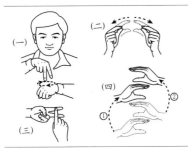

探月工程　tànyuè gōngchéng

（一）左手握拳；右手食、中指分开，指尖朝下，对着左手背转动两下，眼睛注视手的动作。

（二）双手拇、食指张开，指尖相对，虎口朝内，边从中间向两侧做弧形移动边相捏，如弯月状。

（三）左手食、中指与右手食指搭成"工"字形。

（四）双手五指成"匚コ"形，虎口朝内，交替上叠，模仿垒砖的动作。

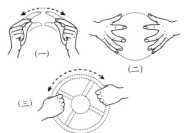

月球车①　yuèqiúchē ①

（一）双手拇、食指张开，指尖相对，虎口朝内，边从中间向两侧做弧形移动边相捏，如弯月状。

（二）双手五指微曲张开，掌心左右相对，如球状。

（三）双手虚握，左右转动，如操纵方向盘状。

（可根据实际表示月球车的样式）

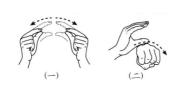

月球车②　yuèqiúchē ②

（一）双手拇、食指张开，指尖相对，虎口朝内，边从中间向两侧做弧形移动边相捏，如弯月状。

（二）左手握拳，手背向上；右手五指成"コ"形，指尖朝前，在左手背上向前移动一下。

（可根据实际表示月球车的样式）

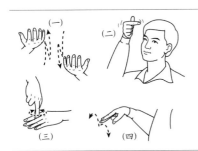

火星探测　huǒxīng tàncè

（一）双手五指微曲，指尖朝上，上下交替动几下，如火苗跳动状。

（二）一手拇、食指搭成"十"字形，在头前上方晃动几下，眼睛注视手的动作。

（三）左手横伸，手背向上，五指张开；右手食、中指相叠，指尖朝下，在左手食、中指指缝间钻动两下。

（四）一手食、中指分开，指尖朝下，左右点动一下。

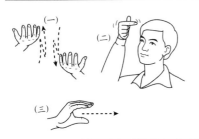

火星车①　huǒxīngchē ①

（一）双手五指微曲，指尖朝上，上下交替动几下，如火苗跳动状。

（二）一手拇、食指搭成"十"字形，在头前上方晃动几下，眼睛注视手的动作。

（三）一手五指成"コ"形，指尖朝前，向前移动一下。

（可根据实际表示火星车的样式）

火星车②　huǒxīngchē ②

（一）双手五指微曲，指尖朝上，上下交替动几下，如火苗跳动状。

（二）一手拇、食指搭成"十"字形，在头前上方晃动几下，眼睛注视手的动作。

（三）左手握拳，手背向上；右手五指成"コ"形，指尖朝前，在左手背上向前移动一下。

（可根据实际表示火星车的样式）

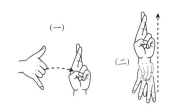

载人航天　*zàirén hángtiān*

（一）左手食、中指相叠，指尖朝上；右手伸拇、小指，手背向外，移向左手，表示航天员进入火箭。

（二）左手食、中指相叠，指尖朝上；右手五指撮合，指尖朝下，置于左手下，然后连续做开合的动作，表示火箭点火，双手随之向上移动。

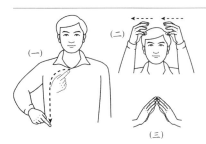

中国空间站　*zhōngguó kōngjiānzhàn*

（一）一手伸食指，自咽喉部顺肩胸部划至右腰部。

（二）双手五指弯曲，指尖左右相对，置于头前上方，同时向一侧移动，仿空间舱的外形。

（三）双手搭成"∧"形。

（可根据实际表示空间站的外形）

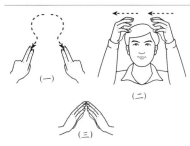

国际空间站　*guójì kōngjiānzhàn*

（一）双手食、中指并拢，指尖朝前，从上向下做曲线形移动。

（二）双手五指弯曲，指尖左右相对，置于头前上方，同时向一侧移动，仿空间舱的外形。

（三）双手搭成"∧"形。

（可根据实际表示空间站的外形）

2. 地球与地球运动

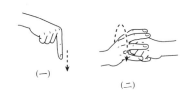

地球　*dìqiú*

（一）一手伸食指，指尖朝下一指。

（二）左手握拳，手背向上，虎口朝内；右手五指微曲张开，从后向前绕左拳转动半圈。

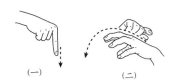

地壳　*dìqiào*

（一）一手伸食指，指尖朝下一指。

（二）左手五指弯曲张开，手背向上；右手拇、食指微张，指尖朝前，从左向右绕左手转动半圈。

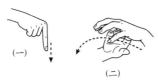

地幔　dìmàn

（一）一手伸食指，指尖朝下一指。

（二）左手五指弯曲张开，手背向上；右手五指成"冂"形，指尖朝前，在左手掌心下向右做弧形移动。

地核　dìhé

（一）一手伸食指，指尖朝下一指。

（二）左手五指弯曲张开，手背向左；右手握拳，手背向上，虎口朝内，置于左手旁，手腕前后转动一下。

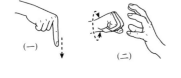

地轴　dìzhóu

（一）一手伸食指，指尖朝下一指。

（二）左手五指弯曲张开，指尖朝右上方；右手伸食指，指尖朝左上方，置于左手内。

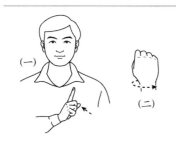

自转　zìzhuàn

（一）右手食指直立，虎口朝内，贴向左胸部。

（二）一手直立握拳，虎口朝内，然后转腕，表示星球自转。

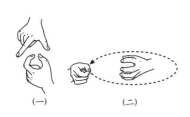

公转　gōngzhuàn

（一）双手拇、食指搭成"公"字形，虎口朝外。

（二）左手五指弯曲张开，指尖朝右，虎口朝上；右手拇、食指捏成圆形，虎口朝上，绕左手逆时针平行转动一圈，表示公转是一个星体以另一个相对大的星体为中心，沿一定轨道所做的循环运动。

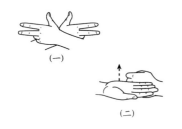

北半球　běibànqiú

（一）双手伸拇、食、中指，手背向外，手腕交叉相搭，仿"北"字形。

（二）左手握拳，手背向外，虎口朝上；右手横伸，掌心向上，从左手中指处向上移动一下。

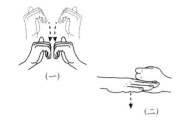

南半球　nánbànqiú

（一）双手五指弯曲，食、中、无名、小指指尖朝下，手腕向下转动一下。

（二）左手握拳，手背向外，虎口朝上；右手横伸，掌心向下，从左手无名指处向下移动一下。

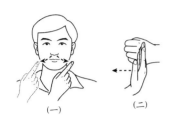

东半球　dōngbànqiú

（一）一手伸食指，在嘴两侧书写"八"，仿"东"字部分字形。

（二）左手握拳，手背向外，虎口朝上；右手直立，掌心向右，从左手食、中、无名、小指根部关节处向右移动一下。

西半球　xībànqiú

（一）左手拇、食指成"匚"形，虎口朝内；右手食、中指直立分开，手背向内，贴于左手拇指，仿"西"字部分字形。

（二）左手握拳，手背向外，虎口朝上；右手直立，掌心向左，从左手食、中、无名、小指根部关节处向左移动一下。

北极　běijí

（一）双手伸拇、食、中指，手背向外，手腕交叉相搭，仿"北"字形。

（二）左手握拳，手背向外，虎口朝上；右手伸食指，指一下左手虎口，表示地球上的北极。

南极　nánjí

（一）双手五指弯曲，食、中、无名、小指指尖朝下，手腕向下转动一下。

（二）左手握拳，手背向外，虎口朝上；右手伸食指，指一下左手底部，表示地球上的南极。

极地　jídì

左手握拳，手背向外，虎口朝上；右手伸食指，先指一下左手虎口，再指一下左手底部，表示极地。

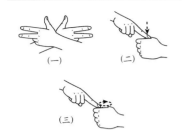

北极圈　běijíquān

（一）双手伸拇、食、中指，手背向外，手腕交叉相搭，仿"北"字形。

（二）左手握拳，手背向外，虎口朝上；右手伸食指，指一下左手虎口，表示地球上的北极。

（三）左手握拳，手背向外，虎口朝上；右手伸食指，指尖朝下，在左手虎口转动一圈。

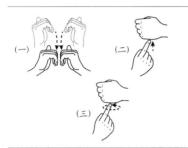

南极圈　nánjíquān

（一）双手五指弯曲，食、中、无名、小指指尖朝下，手腕向下转动一下。

（二）左手握拳，手背向外，虎口朝上；右手伸食指，指一下左手底部，表示地球上的南极。

（三）左手握拳，手背向外，虎口朝上；右手伸食指，指尖朝上，在左手底部转动一圈。

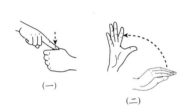

极昼　jízhòu

（一）左手握拳，手背向外，虎口朝上；右手伸食指，指一下左手虎口，表示地球上的北极。

（二）右手五指撮合，手背向上，虎口朝内，置于面前，边向右做弧形移动边张开。

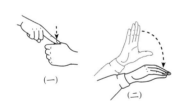

极夜　jíyè

（一）左手握拳，手背向外，虎口朝上；右手伸食指，指一下左手虎口，表示地球上的北极。

（二）右手直立，掌心向左，拇指张开，置于面前，其他四指向下弯动与拇指捏合。

经线（子午线）　jīngxiàn（zǐwǔxiàn）

左手握拳，手背向外，虎口朝上；右手五指张开，指尖朝上，沿左手背从上向下划动一下，表示经线。

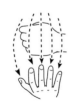

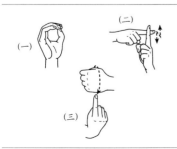

本初子午线（零度经线）

běnchū-zǐwǔxiàn（língdù jīngxiàn）

（一）一手五指捏成圆形，虎口朝内。

（二）左手食指直立；右手食指横贴在左手食指上，然后上下微动几下。

（三）左手握拳，手背向外，虎口朝上；右手食指直立，沿左手背从上向下划动一下，表示本初子午线的位置。

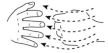

纬线　wěixiàn

左手握拳，手背向外，虎口朝上；右手横立，手背向外，五指张开，沿左手背从左向右划动一下，表示纬线。

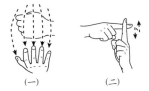

经度　jīngdù

（一）左手握拳，手背向外，虎口朝上；右手五指张开，指尖朝上，沿左手背从上向下划动一下，表示经线。

（二）左手食指直立；右手食指横贴在左手食指上，然后上下微动几下。

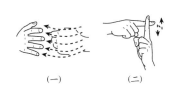

纬度　wěidù

（一）左手握拳，手背向外，虎口朝上；右手横立，手背向外，五指张开，沿左手背从左向右划动一下，表示纬线。

（二）左手食指直立；右手食指横贴在左手食指上，然后上下微动几下。

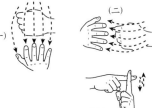

经纬度　jīngwěidù

（一）左手握拳，手背向外，虎口朝上；右手五指张开，指尖朝上，沿左手背从上向下划动一下，表示经线。

（二）左手握拳，手背向外，虎口朝上；右手横立，手背向外，五指张开，沿左手背从左向右划动一下，表示纬线。

（三）左手食指直立；右手食指横贴在左手食指上，然后上下微动几下。

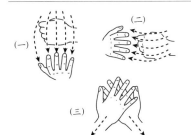

经纬网　jīngwěiwǎng

（一）左手握拳，手背向外，虎口朝上；右手五指张开，指尖朝上，沿左手背从上向下划动一下，表示经线。

（二）左手握拳，手背向外，虎口朝上；右手横立，手背向外，五指张开，沿左手背从左向右划动一下，表示纬线。

（三）双手五指张开，手背向外，交叉相搭，向两侧斜下方移动。

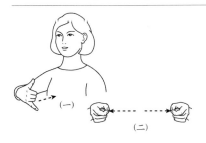

回归线　huíguīxiàn

（一）一手伸拇、小指，指尖朝内，从外向内移动。

（二）双手拇、食指相捏，虎口朝上，从中间向两侧拉开。

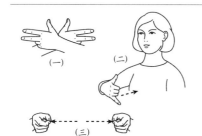

北回归线　běihuíguīxiàn

（一）双手伸拇、食、中指，手背向外，手腕交叉相搭，仿"北"字形。

（二）一手伸拇、小指，指尖朝内，从外向内移动。

（三）双手拇、食指相捏，虎口朝上，从中间向两侧拉开。

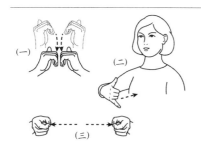

南回归线　nánhuíguīxiàn

（一）双手五指弯曲，食、中、无名、小指指尖朝下，手腕向下转动一下。

（二）一手伸拇、小指，指尖朝内，从外向内移动。

（三）双手拇、食指相捏，虎口朝上，从中间向两侧拉开。

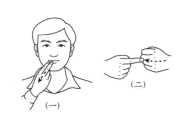

赤道　chìdào

（一）一手打手指字母"H"的指式，摸一下嘴唇。

（二）左手握拳，手背向外，虎口朝上；右手食指横伸，沿左手中、无名指指缝划动半圈。

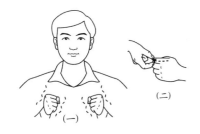

寒带　hándài

（一）双手握拳屈肘，小臂颤动几下，如哆嗦状。

（二）左手握拳，手背向外，虎口朝上；右手拇、食指微张，指尖朝内，沿左手食指关节划动半圈。

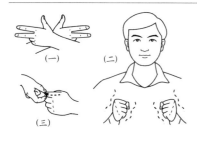

北寒带　běihándài

（一）双手伸拇、食、中指，手背向外，手腕交叉相搭，仿"北"字形。

（二）双手握拳屈肘，小臂颤动几下，如哆嗦状。

（三）左手握拳，手背向外，虎口朝上；右手拇、食指微张，指尖朝内，沿左手食指关节划动半圈。

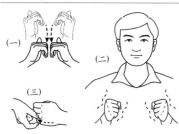

南寒带　nánhándài

（一）双手五指弯曲，食、中、无名、小指指尖朝下，手腕向下转动一下。

（二）双手握拳屈肘，小臂颤动几下，如哆嗦状。

（三）左手握拳，手背向外，虎口朝上；右手拇、食指微张，指尖朝内，沿左手小指关节划动半圈。

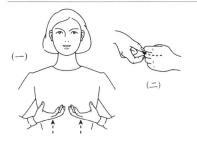

温带　wēndài

（一）双手横伸，掌心向上，五指微曲，从腹部缓慢上移。

（二）左手握拳，手背向外，虎口朝上；右手拇、食指微张，指尖朝内，沿左手中指关节划动半圈。

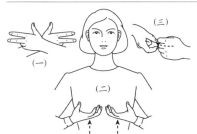

北温带　běiwēndài

（一）双手伸拇、食、中指，手背向外，手腕交叉相搭，仿"北"字形。

（二）双手横伸，掌心向上，五指微曲，从腹部缓慢上移。

（三）左手握拳，手背向外，虎口朝上；右手拇、食指微张，指尖朝内，沿左手中指关节划动半圈。

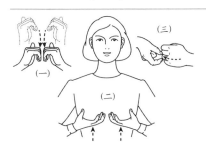

南温带　nánwēndài

（一）双手五指弯曲，食、中、无名、小指指尖朝下，手腕向下转动一下。

（二）双手横伸，掌心向上，五指微曲，从腹部缓慢上移。

（三）左手握拳，手背向外，虎口朝上；右手拇、食指微张，指尖朝内，沿左手无名指关节划动半圈。

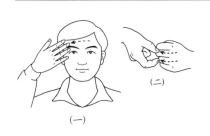

热带　rèdài

（一）一手五指张开，手背向外，在额头上一抹，如流汗状。

（二）左手握拳，手背向外，虎口朝上；右手拇、食指微张，指尖朝内，沿左手中、无名指关节间划动半圈。

自然带　zìrándài

（一）右手拇、中指相捏，边碰向左胸部边张开。

（二）一手拇、食指张开，指尖朝前，从左向右做曲线形移动。

（可根据实际表示自然带）

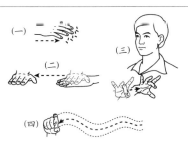

水平自然带　shuǐpíng zìrándài

（一）一手横伸，掌心向下，五指张开，边交替点动边向一侧移动。

（二）左手横伸；右手平伸，掌心向下，从左手背上向右移动一下。

（三）右手拇、中指相捏，边碰向左胸部边张开。

（四）一手拇、食指张开，指尖朝前，从左向右做曲线形移动。

（可根据实际表示水平自然带）

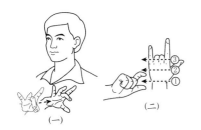

垂直自然带　chuízhí zìrándài

（一）右手拇、中指相捏，边碰向左胸部边张开。

（二）左手拇、食、小指直立，手背向外，仿"山"字形；右手拇、食指成"⊐"形，虎口朝内，在左手背上边横向划动边向上移动。

（可根据实际表示垂直自然带）

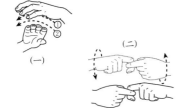

圈层结构❶　quāncéng jiégòu ❶

（一）左手五指弯曲张开，手背向上；右手五指成"⊐"形，指尖朝前，在左手掌心下从上向下连续向右做弧形移动，表示地球内部的不同圈层。

（二）双手食指弯曲，互勾两下。

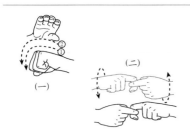

圈层结构❷　quāncéng jiégòu ❷

（一）左手握拳，手背向上，虎口朝内；右手五指成"⊐"形，指尖朝前，在左手背上从下向上连续向右绕左手转动半圈，表示地球外部的不同圈层。

（二）双手食指弯曲，互勾两下。

大气圈（大气层）　dàqìquān (dàqìcéng)

（一）双手侧立，掌心相对，同时向两侧移动，幅度要大些。

（二）一手打手指字母"Q"的指式，指尖朝内，置于鼻孔处。

（三）左手握拳，手背向上，虎口朝内；右手五指成"⊐"形，指尖朝前，在左手背上从左向右绕左手转动半圈。

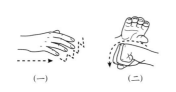

水圈　shuǐquān

（一）一手横伸，掌心向下，五指张开，边交替点动边向一侧移动。

（二）左手握拳，手背向上，虎口朝内；右手五指成"⊐"形，指尖朝前，在左手背上从左向右绕左手转动半圈。

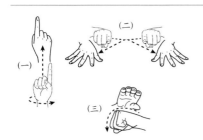

生物圈　shēngwùquān

（一）一手食指直立，边转动手腕边向上移动。

（二）双手食指指尖朝前，手背向上，先互碰一下，再分开并张开五指。

（三）左手握拳，手背向上，虎口朝内；右手五指成"⊐"形，指尖朝前，在左手背上从左向右绕左手转动半圈。

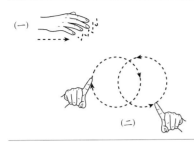

水循环①　shuǐxúnhuán ①

（一）一手横伸，掌心向下，五指张开，边交替点动边向一侧移动。

（二）双手伸食指，指尖朝前，左右交替转动两下。

水循环②　shuǐxúnhuán ②

（一）一手横伸，掌心向下，五指张开，边交替点动边向一侧移动。

（二）双手直立，掌心向外，五指张开，边交替点动边向上移动，表示水汽蒸发。

（三）双手五指成"⊏⊐"形，虎口朝内，在头前上方交替平行转动两下。

（四）双手五指微曲，指尖朝下，在头前快速向下动几下，表示雨点落下。

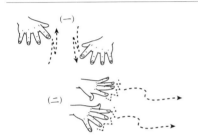

洋流　yángliú

（一）双手平伸，掌心向下，五指张开，上下交替移动，表示起伏的波浪。

（二）双手平伸，掌心向下，五指张开，边交替点动边向前做曲线形移动。

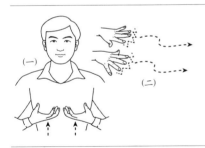

暖流　nuǎnliú

（一）双手横伸，掌心向上，五指微曲，从腹部缓慢上移。

（二）双手平伸，掌心向下，五指张开，边交替点动边向前做曲线形移动。

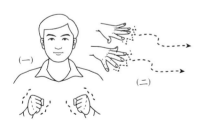

寒流❶　hánliú ❶

（一）双手握拳屈肘，小臂颤动几下，如哆嗦状。

（二）双手平伸，掌心向下，五指张开，边交替点动边向前做曲线形移动。

（此手语表示海水运动中的寒流）

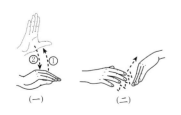

潮汐①　cháoxī ①

（一）一手五指撮合，手背向上，虎口朝内，置于面前，边向上做弧形移动边张开，然后食、中、无名、小指向下弯动与拇指捏合，表示早上和晚上。

（二）左手斜伸，手背向右上方；右手横伸，掌心向下，五指张开，边交替点动边沿左手背向上移动，表示潮汐是发生在早晨的潮与发生在晚上的汐的合称。

潮汐②　cháoxī②

　　左手斜伸，手背向右上方；右手横伸，掌心向下，五指张开，边交替点动边沿左手背先向上再向下移动，表示潮汐是在月球和太阳引力作用下形成的海水周期性涨落的现象。

潮水（涨潮）　cháoshuǐ（zhǎngcháo）

　　左手斜伸，手背向右上方；右手横伸，掌心向下，五指张开，边交替点动边沿左手背向上移动，表示涨潮。

退潮　tuìcháo

　　左手斜伸，手背向右上方；右手横伸，掌心向下，五指张开，边交替点动边沿左手背向下移动，表示退潮。

波浪①（洪水、奔腾、汹涌）

　bōlàng①（hóngshuǐ、bēnténg、xiōngyǒng）

　　双手平伸，掌心向下，五指张开，一前一后，一高一低，同时向前做大的起伏状移动，表示激流汹涌奔腾。

3. 地质

地质　dìzhì

　　（一）一手伸食指，指尖朝下一指。

　　（二）左手握拳；右手食、中指横伸，指背交替弹左手背。

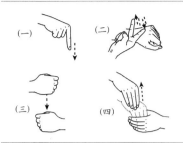

地质作用　dìzhì zuòyòng

（一）一手伸食指，指尖朝下一指。

（二）左手握拳；右手食、中指横伸，指背交替弹左手背。

（三）双手握拳，一上一下，右拳向下砸一下左拳。

（四）左手五指成"匚"形，虎口朝上；右手五指撮合，指尖朝下，从左手虎口内抽出。

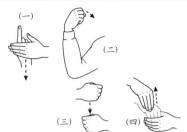

内力作用　nèilì zuòyòng

（一）左手横立；右手食指直立，在左手掌心内从上向下移动。

（二）一手握拳屈肘，用力向内弯动一下。

（三）双手握拳，一上一下，右拳向下砸一下左拳。

（四）左手五指成"匚"形，虎口朝上；右手五指撮合，指尖朝下，从左手虎口内抽出。

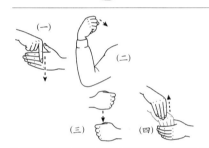

外力作用　wàilì zuòyòng

（一）左手横立；右手伸食指，指尖朝下，在左手背外向下指。

（二）一手握拳屈肘，用力向内弯动一下。

（三）双手握拳，一上一下，右拳向下砸一下左拳。

（四）左手五指成"匚"形，虎口朝上；右手五指撮合，指尖朝下，从左手虎口内抽出。

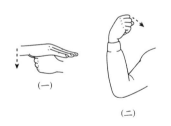

压力　yālì

（一）左手握拳，手背向外，虎口朝上；右手横伸，掌心向下，置于左手虎口上，并向下一压。

（二）一手握拳屈肘，用力向内弯动一下。

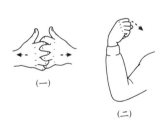

张力　zhānglì

（一）双手食、中、无名、小指相互勾住，手背向外，用力向两侧拉动，表示物体受到拉力作用时，其内部任一截面两侧存在的相互牵引力。

（二）一手握拳屈肘，用力向内弯动一下。

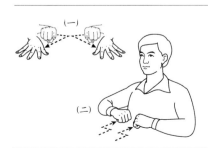

物质运动　wùzhì yùndòng

（一）双手食指指尖朝前，手背向上，先互碰一下，再分开并张开五指。

（二）双手握拳屈肘，手背向上，虎口朝内，用力向后移动两下。

（"物质"的手语存在地域差异，可根据实际选择使用）

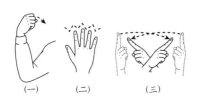

能量交换　néngliàng jiāohuàn

（一）一手握拳屈肘，用力向内弯动一下。

（二）一手直立，掌心向内，五指张开，交替点动几下。

（三）双手食指直立，然后左右交叉，互换位置。

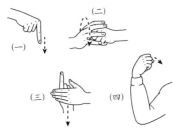

地球内能　dìqiú nèinéng

（一）一手伸食指，指尖朝下一指。

（二）左手握拳，手背向上，虎口朝内；右手五指微曲张开，从后向前绕左拳转动半圈。

（三）左手横立；右手食指直立，在左手掌心内从上向下移动。

（四）一手握拳屈肘，用力向内弯动一下。

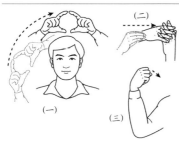

太阳辐射能　tàiyáng fúshènéng

（一）双手拇、食指搭成圆形，虎口朝内，从头右侧向头顶做弧形移动，表示太阳升起。

（二）左手直立，掌心向右，五指张开；右手五指撮合，指背向上，边移向左手边张开，指尖插入左手各指指缝间，表示辐射穿透物体。

（三）一手握拳屈肘，用力向内弯动一下。

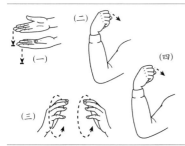

重力势能　zhònglì shìnéng

（一）双手平伸，掌心向上，同时向下一顿。

（二）一手握拳屈肘，用力向内弯动一下。

（三）双手五指微曲张开，掌心左右相对，同时向前转动一下。

（四）一手握拳屈肘，用力向内弯动一下。

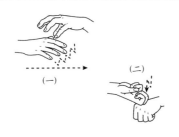

岩浆　yánjiāng

（一）左手五指弯曲张开，手背向上；右手横伸，掌心向下，五指张开，边交替点动边在左手掌心下向一侧移动。

（二）左手握拳；右手食、中指弯曲，以指关节在左手背上敲两下。

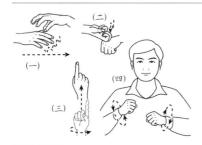

岩浆活动　yánjiāng huódòng

（一）左手五指弯曲张开，手背向上；右手横伸，掌心向下，五指张开，边交替点动边在左手掌心下向一侧移动。

（二）左手握拳；右手食、中指弯曲，以指关节在左手背上敲两下。

（三）一手食指直立，边转动手腕边向上移动。

（四）双手握拳屈肘，前后交替转动两下。

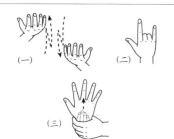

火山喷发①　huǒshān pēnfā ①

（一）双手五指微曲，指尖朝上，上下交替动几下，如火苗跳动状。

（二）一手拇、食、小指直立，手背向外，仿"山"字形。

（三）左手五指成半圆形，虎口朝上；右手五指撮合，指尖朝上，手背向外，边从左手虎口内猛然伸出边张开。

火山喷发②　huǒshān pēnfā ②

左手拇、食、小指直立，手背向外，仿"山"字形；右手五指撮合，指尖朝上，边从左手食指处向上移动边用力张开。

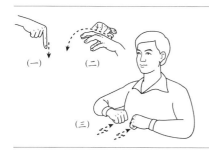

地壳运动　dìqiào yùndòng

（一）一手伸食指，指尖朝下一指。

（二）左手五指弯曲张开，手背向上；右手拇、食指微张，指尖朝前，从左向右绕左手转动半圈。

（三）双手握拳屈肘，手背向上，虎口朝内，用力向后移动两下。

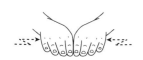

板块　bǎnkuài

双手平伸，掌心向下，拇指弯回，互碰两下，表示地球板块。

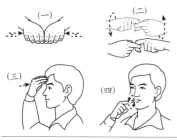

板块构造学说　bǎnkuài gòuzào xuéshuō

（一）双手平伸，掌心向下，拇指弯回，互碰两下，表示地球板块。

（二）双手食指弯曲，互勾两下。

（三）一手五指撮合，指尖朝内，按向前额。

（四）一手食指横伸，在嘴前前后转动两下。

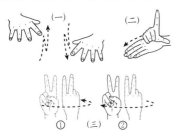

海陆变迁　hǎilù biànqiān

（一）双手平伸，掌心向下，五指张开，上下交替移动，表示起伏的波浪。

（二）左手横伸；右手打手指字母"L"的指式，在左手背上向指尖方向划动一下。

（三）一手食、中指直立分开，由掌心向外翻转为掌心向内，再由掌心向内翻转为掌心向外。

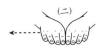

大陆漂移　dàlù piāoyí

（一）双手平伸，掌心向下，拇指弯回，互碰两下，表示地球板块。

（二）双手平伸相挨，掌心向下，拇指弯回，左手不动，右手向右移动。

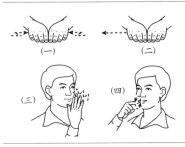

大陆漂移假说　dàlù piāoyí jiǎshuō

（一）双手平伸，掌心向下，拇指弯回，互碰两下，表示地球板块。

（二）双手平伸相挨，掌心向下，拇指弯回，左手不动，右手向右移动。

（三）右手直立，掌心向左，拇指尖抵于颊部，其他四指交替点动几下。

（四）一手食指横伸，在嘴前前后转动两下。

岩层　yáncéng

（一）左手握拳；右手食、中指弯曲，以指关节在左手背上敲两下。

（二）左手握拳，手背向上，虎口朝内；右手五指成"冖"形，指尖朝前，在左手背上从左向右绕左手转动半圈。

（可根据实际表示岩层的位置）

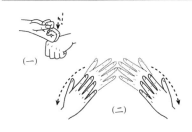

褶曲　zhěqū

（一）左手握拳；右手食、中指弯曲，以指关节在左手背上敲两下。

（二）双手五指张开，指尖斜向相对，手背向外，然后同时向两侧斜下方做弧形移动，表示岩层的一个褶曲。

（可根据实际表示褶曲的不同形态）

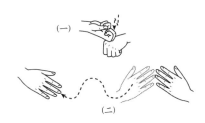

褶皱　zhězhòu

（一）左手握拳；右手食、中指弯曲，以指关节在左手背上敲两下。

（二）双手五指张开，指尖斜向相对，手背向外，然后左手不动，右手连续向右做曲线形移动，表示岩层多个连续的褶曲。

挤压　jǐyā

双手平伸，掌心向下，拇指弯回，右手食指压在左手食指上，然后向左下方挤压左手，表示地球的一个板块挤压另一个板块。

（可根据实际表示挤压的状态）

碰撞　pèngzhuàng

双手平伸，掌心向下，拇指弯回，左手不动，右手碰一下左手。

（可根据实际表示地球板块的碰撞）

断裂　duànliè

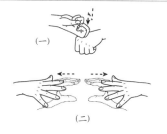

（一）左手握拳；右手食、中指弯曲，以指关节在左手背上敲两下。

（二）双手五指成"凵凵"形，虎口朝内，然后边向两侧微移边张开。

断裂构造　duànliè gòuzào

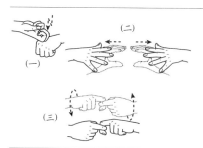

（一）左手握拳；右手食、中指弯曲，以指关节在左手背上敲两下。

（二）双手五指成"凵凵"形，虎口朝内，然后边向两侧微移边张开。

（三）双手食指弯曲，互勾两下。

断层　duàncéng

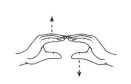

双手五指成"凵凵"形，虎口朝内，然后分别向上下方向移动。

（可根据实际表示断层）

地垒　dìlěi

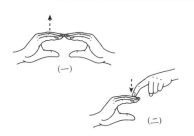

（一）双手五指成"凵凵"形，虎口朝内，然后左手不动，右手向上移动。

（二）右手五指成"凵"形，虎口朝内；左手伸食指，指尖朝下，指一下右手指背。

地堑　dìqiàn

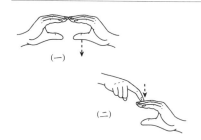

（一）双手五指成"凵凵"形，虎口朝内，然后右手不动，左手向下移动。

（二）左手五指成"凵"形，虎口朝内；右手伸食指，指尖朝下，指一下左手指背。

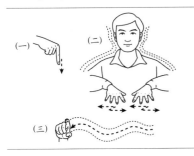

地震带　dìzhèndài

（一）一手伸食指，指尖朝下一指。

（二）双手平伸，掌心向下，五指张开，左右晃动几下，身体随之摇晃。

（三）一手拇、食指张开，指尖朝前，从左向右做曲线形移动。

（可根据实际表示地震带的走向）

4. 地貌

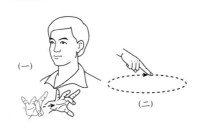

自然环境　zìrán huánjìng

（一）右手拇、中指相捏，边碰向左胸部边张开。

（二）一手伸食指，指尖朝下划一大圈。

地表形态　dìbiǎo xíngtài

（一）一手伸食指，指尖朝下一指。

（二）左手横伸；右手平伸，掌心向下，摸一下左手背。

（三）双手拇、食指成"凵 凵"形，置于脸颊两侧，上下交替动两下。

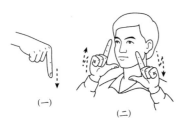

地形①（地貌①、地势①）　dìxíng ①（dìmào ①、dìshì ①）

（一）一手伸食指，指尖朝下一指。

（二）双手拇、食指成"凵 凵"形，置于脸颊两侧，上下交替动两下。

地形②（地貌②、地势②）　dìxíng ②（dìmào ②、dìshì ②）

左手横伸，手背向上，五指张开；右手平伸，手背向上，五指张开，从左手背上向右做起伏状移动。

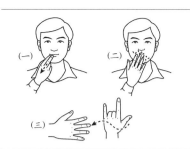

丹霞地貌　dānxiá dìmào

（一）一手打手指字母"H"的指式，摸一下嘴唇。

（二）一手直立，掌心向内，五指张开，在嘴唇部交替点动。

（三）左手拇、食、小指直立，手背向外，仿"山"字形；右手横立，手背向外，五指张开，在左手背上做曲线形移动。

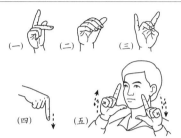

喀斯特地貌①　kāsītè dìmào ①

（一）一手打手指字母"K"的指式。

（二）一手打手指字母"S"的指式。

（三）一手打手指字母"T"的指式。

（四）一手伸食指，指尖朝下一指。

（五）双手拇、食指成"∟ ⌐"形，置于脸颊两侧，上下交替动两下。

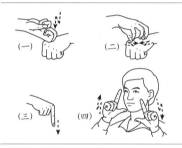

岩溶地貌（喀斯特地貌②）

　yánróng dìmào（kāsītè dìmào ②）

（一）左手握拳；右手食、中指弯曲，以指关节在左手背上敲两下。

（二）左手握拳；右手五指弯曲，指尖朝下，在左手背上做抓挠的动作，表示岩石被侵蚀。

（三）一手伸食指，指尖朝下一指。

（四）双手拇、食指成"∟ ⌐"形，置于脸颊两侧，上下交替动两下。

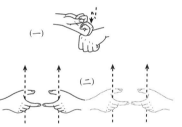

石林　shílín

（一）左手握拳；右手食、中指弯曲，以指关节在左手背上敲两下。

（二）双手拇、食指成大圆形，虎口朝上，在不同位置向上移动两下。

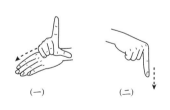

陆地　lùdì

（一）左手横伸；右手打手指字母"L"的指式，在左手背上向指尖方向划动一下。

（二）一手伸食指，指尖朝下一指。

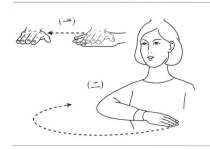

平原　píngyuán

（一）左手横伸；右手平伸，掌心向下，从左手背上向右移动一下。

（二）一手横伸，掌心向下，五指并拢，齐胸部从一侧向另一侧做大范围的弧形移动。

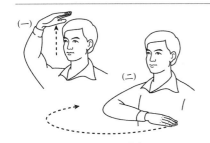

高原　gāoyuán

（一）一手横伸，掌心向下，向上移过头顶。

（二）一手横伸，掌心向下，五指并拢，齐胸部从一侧向另一侧做大范围的弧形移动。

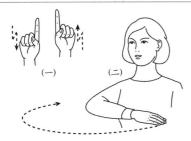

草原　cǎoyuán

（一）双手食指直立，手背向内，上下交替动几下。

（二）一手横伸，掌心向下，五指并拢，齐胸部从一侧向另一侧做大范围的弧形移动。

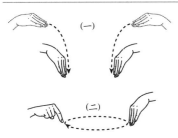

盆地①　péndì ①

（一）双手手背拱起，指尖左右相对，然后同时向中间下方转动，指背相对。

（二）左手手背拱起，指尖朝右下方；右手伸食指，指尖朝下，在左手旁顺时针平行转动一圈。

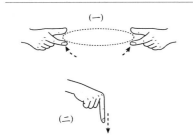

盆地②　péndì ②

（一）双手拇、食指成大圆形，虎口朝上，从下向上做弧形移动。

（二）一手伸食指，指尖朝下一指。

洼地（坑）　wādì（kēng）

左手平伸，掌心向下；右手侧立，在左手旁做先伏后起的移动，表示地面坑洼。

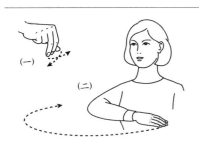

沙漠　shāmò

（一）一手拇、食、中指相捏，指尖朝下，互捻几下。

（二）一手横伸，掌心向下，五指并拢，齐胸部从一侧向另一侧做大范围的弧形移动。

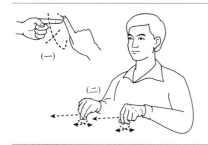

戈壁 gēbì

（一）左手食指横伸，手背向外；右手伸食指，指尖朝前，在左手食指上书空"乀""丿""丶"，仿"戈"字形。

（二）双手拇、食、中指相捏，指尖朝下，边互捻边向前移动。

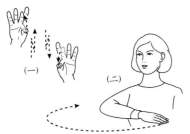

沼泽（湿地） zhǎozé（shīdì）

（一）双手拇、中指相捏，手背向内，边上下交替移动边连续做开合的动作。

（二）一手横伸，掌心向下，五指并拢，齐胸部从一侧向另一侧做大范围的弧形移动。

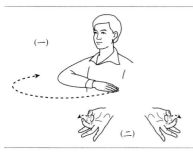

荒野 huāngyě

（一）一手横伸，掌心向下，五指并拢，齐胸部从一侧向另一侧做大范围的弧形移动。

（二）双手平伸，手背向下，拇、中指先相捏，再弹开，表示贫瘠、荒凉的意思。

丘陵 qiūlíng

左手横伸，手背拱起；右手平伸，掌心向下，在左手旁向右做起伏状移动。

山① shān①

一手拇、食、小指直立，手背向外，仿"山"字形。

山②（山地） shān②（shāndì）

一手斜伸，指尖朝斜上方，先向上再向下做起伏状移动，仿山的形状。

山脉（绵延起伏）　shānmài（miányán qǐfú）

左手拇、食、小指直立，手背向外，仿"山"字形；右手平伸，手背向上，在左手旁从低向高、从左向右连续做起伏状移动，表示连绵不断的山脉。

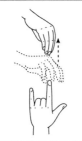

山峰（峰）　shānfēng（fēng）

左手拇、食、小指直立，手背向外，仿"山"字形；右手五指弯曲，指尖朝下，在左手上边向上移动边撮合。

迎风坡　yíngfēngpō

（一）左手横伸，手背拱起；右手五指微曲，掌心向左下方，向左手扇动几下。

（二）左手横伸，手背拱起；右手五指并拢，摸一下左手指背。

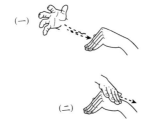

背风坡　bèifēngpō

（一）左手横伸，手背拱起；右手五指微曲，掌心向左下方，向左手扇动几下。

（二）左手横伸，手背拱起；右手五指并拢，摸一下左手背。

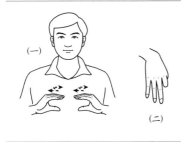

冰川　bīngchuān

（一）双手五指成"⊏⊐"形，虎口朝内，左右微动几下，表示结冰。

（二）一手中、无名、小指分开，指尖朝下，手背向外，仿"川"字形。

瀑布　pùbù

左手横伸；右手平伸，掌心向下，五指张开，沿左手背快速向外下降，如瀑布飞泻状。

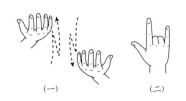

火山　huǒshān

（一）双手五指微曲，指尖朝上，上下交替动几下，如火苗跳动状。

（二）一手拇、食、小指直立，手背向外，仿"山"字形。

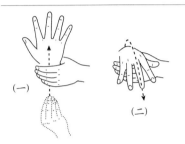

熔岩　róngyán

（一）左手五指成半圆形，虎口朝上；右手五指撮合，指尖朝上，手背向外，边从左手虎口内伸出边张开。

（二）左手五指成半圆形，虎口朝上；右手直立，掌心向外，五指张开，边从左手虎口内移出边沿左手背向下移动，表示流动的岩浆。

山崖　shānyá

左手拇、食、小指直立，手背向外，仿"山"字形；右手横立，掌心向内，从左手背向下移动。

（可根据实际表示山崖）

峡谷（山沟）　xiágǔ（shāngōu）

双手手背拱起，指尖左右相对，然后同时向中间下方转动，指背相对，表示两山之间的峡谷。

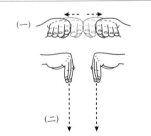

裂谷　liègǔ

（一）双手平伸相挨，掌心向下，拇指弯回，然后分别向两侧移动少许。

（二）双手五指与手掌成"┐┌"形，指背左右相对，同时向下移动。

山洞　shāndòng

（一）一手拇、食、小指直立，手背向外，仿"山"字形。

（二）左手五指成"∩"形，虎口朝右；右手五指并拢，在左手下做弧形移动，仿洞口的形状。

（可根据实际表示山洞）

溶洞（钟乳石）　róngdòng (zhōngrǔshí)

左手五指成半圆形，掌心向下；右手五指微曲，指尖朝上，在左手掌心下边向下移动边撮合。

江　jiāng

双手侧立，掌心相对，相距宽些，向前做曲线形移动。

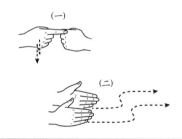

河　hé

双手侧立，掌心相对，相距窄些，向前做曲线形移动。

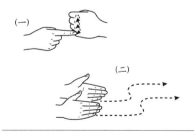

（一）

（二）

常年河　chángniánhé

（一）左手握拳，手背向外，虎口朝上；右手食指横伸，手背向外，自左手食指根部关节向下划动两下。

（二）双手侧立，掌心相对，相距窄些，向前做曲线形移动。

（一）

（二）

季节河（时令河）　jìjiéhé (shílìnghé)

（一）左手握拳，手背向外，虎口朝上；右手伸食指，依次点一下左手食、中、无名、小指根部关节。

（二）双手侧立，掌心相对，相距窄些，向前做曲线形移动。

（可根据实际表示季节河）

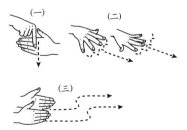

（一）　　（二）

（三）

外流河　wàiliúhé

（一）左手横立；右手伸食指，指尖朝下，在左手背外向下指。

（二）双手平伸，掌心向下，五指张开，一前一后，边交替点动边向前移动。

（三）双手侧立，掌心相对，相距窄些，向前做曲线形移动。

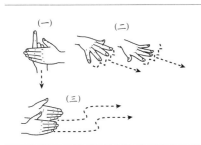

内流河　nèiliúhé

（一）左手横立；右手食指直立，在左手掌心内从上向下移动。

（二）双手平伸，掌心向下，五指张开，一前一后，边交替点动边向前移动。

（三）双手侧立，掌心相对，相距窄些，向前做曲线形移动。

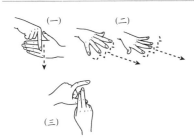

外流区　wàiliúqū

（一）左手横立；右手伸食指，指尖朝下，在左手背外向下指。

（二）双手平伸，掌心向下，五指张开，一前一后，边交替点动边向前移动。

（三）左手拇、食指成"匚"形，虎口朝内；右手食、中指相叠，手背向内，置于左手"匚"形中，仿"区"字形。

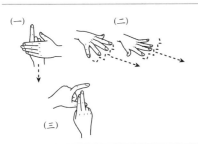

内流区　nèiliúqū

（一）左手横立；右手食指直立，在左手掌心内从上向下移动。

（二）双手平伸，掌心向下，五指张开，一前一后，边交替点动边向前移动。

（三）左手拇、食指成"匚"形，虎口朝内；右手食、中指相叠，手背向内，置于左手"匚"形中，仿"区"字形。

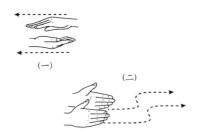

运河　yùnhé

（一）双手横伸，掌心上下相对，向一侧移动一下。

（二）双手侧立，掌心相对，相距窄些，向前做曲线形移动。

湖（池塘、潭）　hú (chítáng、tán)

左手拇、食指成半圆形，虎口朝上；右手横伸，掌心向下，五指张开，边交替点动边在左手旁顺时针转动一圈。

（可根据实际表示湖的面积）

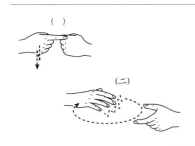

常年湖　chángniánhú

（一）左手握拳，手背向外，虎口朝上；右手食指横伸，手背向外，自左手食指根部关节向下划动两下。

（二）左手拇、食指成半圆形，虎口朝上；右手横伸，掌心向下，五指张开，边交替点动边在左手旁顺时针转动一圈。

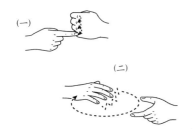

季节湖（时令湖） jìjiéhú (shílìnghú)

（一）左手握拳，手背向外，虎口朝上；右手伸食指，依次点一下左手食、中、无名、小指根部关节。

（二）左手拇、食指成半圆形，虎口朝上；右手横伸，掌心向下，五指张开，边交替点动边在左手旁顺时针转动一圈。

淡水湖 dànshuǐhú

（一）双手平伸，手背向下，拇、中指先相捏，再弹开。

（二）一手横伸，掌心向下，五指张开，边交替点动边向一侧移动。

（三）左手拇、食指成半圆形，虎口朝上；右手横伸，掌心向下，五指张开，边交替点动边在左手旁顺时针转动一圈。

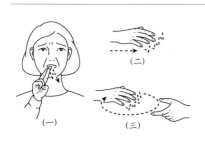

咸水湖 xiánshuǐhú

（一）一手打手指字母"X"的指式，置于嘴前，向下微动两下，面露不舒服的表情。

（二）一手横伸，掌心向下，五指张开，边交替点动边向一侧移动。

（三）左手拇、食指成半圆形，虎口朝上；右手横伸，掌心向下，五指张开，边交替点动边在左手旁顺时针转动一圈。

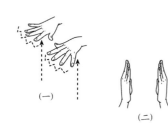

汛期 xùnqī

（一）双手平伸，掌心向下，五指张开，边交替点动边向上移动。

（二）双手直立，掌心左右相对。

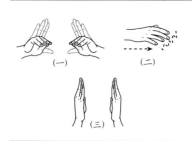

枯水期 kūshuǐqī

（一）双手直立，掌心向斜前方，拇指张开，其他四指弯动与拇指捏合。

（二）一手横伸，掌心向下，五指张开，边交替点动边向一侧移动。

（三）双手直立，掌心左右相对。

（可根据实际表示枯水的状态）

结冰期 jiébīngqī

（一）双手五指成"⊏⊐"形，虎口朝内，左右微动几下，表示结冰。

（二）双手直立，掌心左右相对。

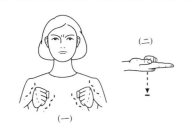

冷极　lěngjí

（一）双手握拳屈肘，小臂颤动几下，如哆嗦状。

（二）一手食指横伸，拇指尖按于食指根部，手背向下，向下一顿。

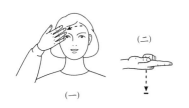

热极　rèjí

（一）一手五指张开，手背向外，在额头上一抹，如流汗状。

（二）一手食指横伸，拇指尖按于食指根部，手背向下，向下一顿。

干极　gānjí

（一）左手食、中指与右手食指搭成"干"字形，右手食指向下移动一下，表示干旱。

（二）一手食指横伸，拇指尖按于食指根部，手背向下，向下一顿。

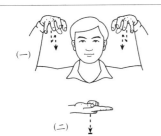

雨极　yǔjí

（一）双手五指微曲，指尖朝下，在头前快速向下动几下，表示雨点落下。

（二）一手食指横伸，拇指尖按于食指根部，手背向下，向下一顿。

海（海洋、海浪、波浪②）

hǎi（hǎiyáng、hǎilàng、bōlàng②）

双手平伸，掌心向下，五指张开，上下交替移动，表示起伏的波浪。

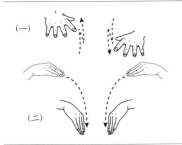

海峡　hǎixiá

（一）双手平伸，掌心向下，五指张开，上下交替移动，表示起伏的波浪。

（二）双手手背拱起，指尖左右相对，然后同时向中间下方转动，指背相对。

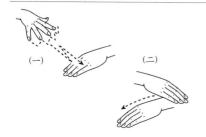

海滩　hǎitān

（一）左手平伸；右手横伸，掌心向下，五指张开，边交替点动边移向左手背，重复一次。

（二）左手平伸；右手五指并拢，指面贴于左臂，然后向左手指尖方向移动。

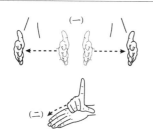

大陆　dàlù

（一）双手侧立，掌心相对，同时向两侧移动，幅度要大些。

（二）左手横伸；右手打手指字母"L"的指式，在左手背上向指尖方向划动一下。

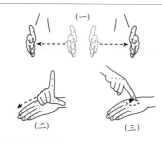

大陆腹地　dàlù fùdì

（一）双手侧立，掌心相对，同时向两侧移动，幅度要大些。

（二）左手横伸；右手打手指字母"L"的指式，在左手背上向指尖方向划动一下。

（三）左手横伸；右手伸食指，指尖朝下，在左手背中心处转动一小圈。

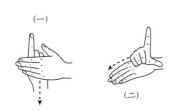

内陆　nèilù

（一）左手横立；右手食指直立，在左手掌心内从上向下移动。

（二）左手横伸；右手打手指字母"L"的指式，在左手背上向指尖方向划动一下。

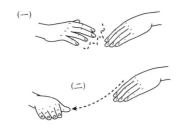

大陆架　dàlùjià

（一）左手斜伸，手背向右上方，指尖朝右下方；右手横伸，掌心向下，五指张开，交替点动几下。

（二）左手斜伸，手背向右上方，指尖朝右下方；右手平伸，掌心向下，沿左手背向右下方移动较长距离，表示大陆架。

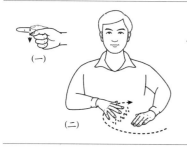

半岛　bàndǎo

（一）一手食指横伸，手背向外，拇指在食指中部划一下。

（二）左手斜伸，手背向上；右手横伸，掌心向下，五指张开，边交替点动边绕左手转动半圈。

岛　dǎo

左手横伸握拳，手背向上；右手横伸，掌心向下，五指张开，边交替点动边绕左手转动。

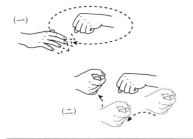

岛屿　dǎoyǔ

（一）左手横伸握拳，手背向上；右手横伸，掌心向下，五指张开，边交替点动边绕左手转动。

（二）左手横伸握拳，手背向上；右手拇、食指捏成圆形，虎口朝上，在左手周围不同位置点动几下，表示有许多岛。

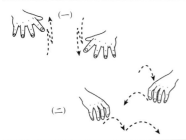

礁石　jiāoshí

（一）双手平伸，掌心向下，五指张开，上下交替移动，表示起伏的波浪。

（二）双手五指弯曲，指尖朝下，随意按动几下，表示海中的礁石。

暗礁　ànjiāo

左手横伸，掌心向下，五指张开，交替点动几下；右手五指弯曲，指尖朝下，在左手掌心下随意按动几下，表示水面下的礁石。

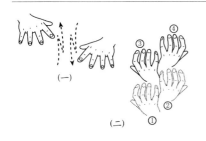

珊瑚　shānhú

（一）双手平伸，掌心向下，五指张开，上下交替移动，表示起伏的波浪。

（二）双手五指弯曲，指尖朝上，手腕先相挨，然后交替向上移动两下，仿珊瑚的形状。

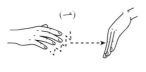

岸　àn

（一）左手斜伸，手背向右上方；右手横伸，掌心向下，五指张开，边交替点动边从右向左移动，直至碰到左手指背。

（二）左手斜伸，手背向右上方；右手伸食指，指尖朝下，指一下左手。

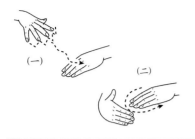

沿岸（沿海） yán'àn（yánhǎi）

（一）左手平伸；右手横伸，掌心向下，五指张开，边交替点动边移向左手背。

（二）左手平伸；右手侧立，沿左手外侧转动半圈。

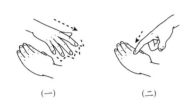

彼岸 bǐ'àn

（一）双手横伸，掌心向下，左手在前，五指并拢，不动，右手在后，五指张开，边交替点动边向一侧移动。

（二）左手横伸；右手伸食指，指尖朝下，指一下左手背。

湾① wān①

左手横伸，掌心向下，五指张开，交替点动几下；右手侧立，在左手旁向前做曲线形移动。

湾② wān②

左手斜伸，手背向上；右手食、中、无名、小指并拢，掌心向外，沿左臂内侧划动半圈。

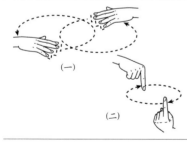

漩涡① xuánwō①

（一）双手横伸，掌心向下，五指张开，边交替点动边平行转动。

（二）双手伸食指，指尖上下相对，交替平行快速转动。

漩涡② xuánwō②

左手横伸，掌心向下，五指张开，交替点动几下；右手五指微曲张开，指尖朝上，边在左手下方向下转动边撮合。

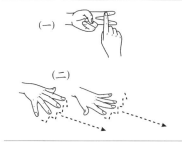

干流（主流①）　gànliú（zhǔliú①）

（一）左手食、中指与右手食指搭成"干"字形。

（二）双手平伸，掌心向下，五指张开，一前一后，边交替点动边向前移动。

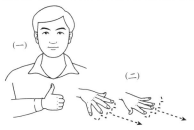

主流②　zhǔliú②

（一）一手伸拇指，贴于胸部。

（二）双手平伸，掌心向下，五指张开，一前一后，边交替点动边向前移动。

支流　zhīliú

双手平伸，掌心向下，五指张开，交替点动几下，左手在前，右手从左手后方向右前方移动，表示从主流分出的支流。

（可根据实际表示支流的流向）

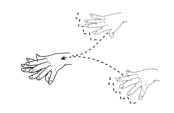

汇合　huìhé

双手平伸，掌心向下，五指张开，交替点动几下，从后方两侧向前方中间移动至双手上下相叠。

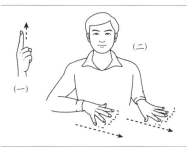

上游　shàngyóu

（一）右手食指直立，置于身体右前方，向上一指。

（二）双手五指张开，指尖朝左前方，掌心向下，一前一后，边交替点动边向左前方移动。

中游　zhōngyóu

（一）左手拇、食指与右手食指搭成"中"字形，置于身前正中。

（二）双手五指张开，指尖朝左前方，掌心向下，一前一后，边交替点动边向左前方移动。

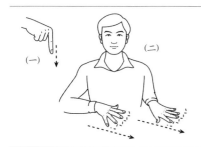

下游　xiàyóu

（一）右手伸食指，置于身体左前方，指尖朝下一指。

（二）双手五指张开，指尖朝左前方，掌心向下，一前一后，边交替点动边向左前方移动。

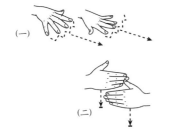

流程　liúchéng

（一）双手平伸，掌心向下，五指张开，一前一后，边交替点动边向前移动。

（二）双手横立，掌心向内，一前一后，同时向下一顿。

（此手语表示水流的路程）

流域　liúyù

（一）双手平伸，掌心向下，五指张开，一前一后，边交替点动边向前移动。

（二）左手拇、食指成半圆形，虎口朝上；右手伸食指，指尖朝下，沿左手虎口划一圈。

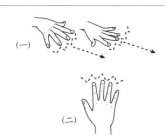

流量　liúliàng

（一）双手平伸，掌心向下，五指张开，一前一后，边交替点动边向前移动。

（二）一手直立，掌心向内，五指张开，交替点动几下。

泉①　quán①

左手横伸，掌心向下；右手五指撮合，指尖朝上，手背向外，边从左手内侧伸出边张开。

（可根据实际表示涌泉的样子）

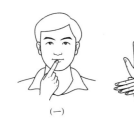

泉②　quán②

（一）一手伸食指，指尖贴于下嘴唇。

（二）左手横伸，掌心向下；右手五指撮合，指尖朝上，手背向外，边从左手内侧伸出边张开。

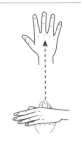

喷泉①　pēnquán ①

　　左手横伸，掌心向下；右手五指撮合，指尖朝上，手背向外，边从左手内侧向高处移动边张开。

　　（可根据实际表示喷泉的样子）

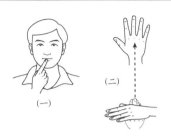

喷泉②　pēnquán ②

　　（一）一手伸食指，指尖贴于下嘴唇。

　　（二）左手横伸，掌心向下；右手五指撮合，指尖朝上，手背向外，边从左手内侧向高处移动边张开。

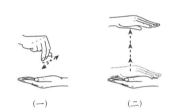

堆积　duījī

　　（一）左手横伸，掌心向上；右手拇、食、中指相捏，指尖朝下，在左手上方互捻几下。

　　（二）双手横伸，掌心相贴，左手在下不动，右手向上一顿一顿移动几下。

　　（此手语表示地理中的堆积概念）

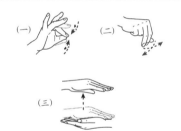

泥沙淤积　níshā yūjī

　　（一）一手拇、中指相捏两下，指尖朝前。

　　（二）一手拇、食、中指相捏，指尖朝下，互捻几下。

　　（三）双手横伸，掌心相贴，左手在下不动，右手向上移动。

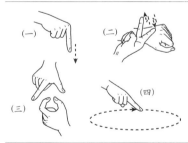

地质公园　dìzhì gōngyuán

　　（一）一手伸食指，指尖朝下一指。

　　（二）左手握拳；右手食、中指横伸，指背交替弹左手背。

　　（三）双手拇、食指搭成"公"字形，虎口朝外。

　　（四）一手伸食指，指尖朝下划一大圈。

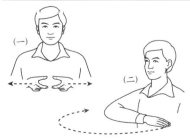

幅员辽阔　fúyuán liáokuò

　　（一）双手拇、食指成大圆形，虎口朝上，从中间向两侧移动。

　　（二）一手横伸，掌心向下，五指并拢，齐胸部从一侧向另一侧做大范围的弧形移动。

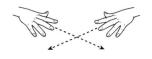

纵横交错 zònghéng-jiāocuò

双手五指张开，掌心向下，斜向交错移动。

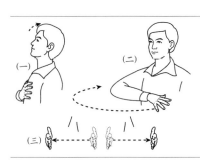

群山环抱 qúnshān huánbào

双手拇、食、小指直立，手背向外，仿"山"字形，边上下交替移动边从前向后做弧形移动。

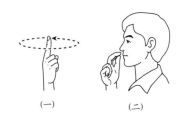

气势磅礴 qìshì-pángbó

（一）一手五指微曲张开，掌心贴于胸部，挺胸抬头。

（二）一手横伸，掌心向下，五指张开，从一侧向另一侧做弧形移动，头同时随手的移动而转动。

（三）双手侧立，掌心相对，同时向两侧移动，幅度要大些。

5. 天气与气候

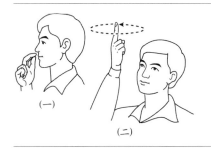

天气 tiānqì

（一）一手食指直立，在头一侧上方转动一圈。

（二）一手打手指字母"Q"的指式，指尖朝内，置于鼻孔处。

气候（气象） qìhòu（qìxiàng）

（一）一手打手指字母"Q"的指式，指尖朝内，置于鼻孔处。

（二）一手食指直立，在头一侧上方转动一圈。

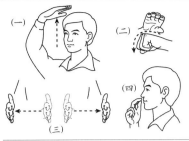

高层大气　gāocéng dàqì

（一）一手横伸，掌心向下，向上移过头顶。

（二）左手握拳，手背向上，虎口朝内；右手五指成"ㄱ"形，指尖朝前，在左手背上从左向右绕左手转动半圈。

（三）双手侧立，掌心相对，同时向两侧移动，幅度要大些。

（四）一手打手指字母"Q"的指式，指尖朝内，置于鼻孔处。

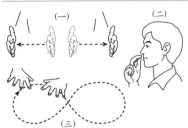

大气环流　dàqì huánliú

（一）双手侧立，掌心相对，同时向两侧移动，幅度要大些。

（二）一手打手指字母"Q"的指式，指尖朝内，置于鼻孔处。

（三）双手斜伸，一高一低，做横"8"字形移动。

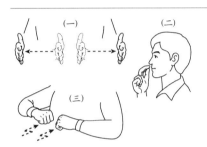

大气运动　dàqì yùndòng

（一）双手侧立，掌心相对，同时向两侧移动，幅度要人些。

（二）一手打手指字母"Q"的指式，指尖朝内，置于鼻孔处。

（三）双手握拳屈肘，手背向上，虎口朝内，用力向后移动两下。

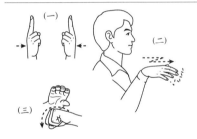

对流层①　duìliúcéng ①

（一）双手食指直立，指面左右相对，从两侧向中间微移一下。

（二）一手平伸，掌心向下，五指张开，边交替点动边向前移动两下。

（三）左手握拳，手背向上，虎口朝内；右手五指成"ㄱ"形，指尖朝前，在左手背上从左向右绕左手转动半圈。

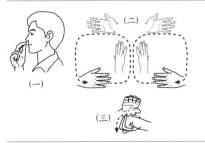

对流层②　duìliúcéng ②

（一）一手打手指字母"Q"的指式，指尖朝内，置于鼻孔处。

（二）双手横立，手背向外，五指张开，同时从下向上转动，表示气体对流时热的气体上升，冷的气体下降的循环流过程。

（三）左手握拳，手背向上，虎口朝内；右手五指成"ㄱ"形，指尖朝前，在左手背上从左向右绕左手转动半圈。

平流层①　píngliúcéng ①

（一）左手横伸；右手平伸，掌心向下，从左手背上向右移动一下。

（二）一手平伸，掌心向下，五指张开，边交替点动边向前移动两下。

（三）左手握拳，手背向上，虎口朝内；右手五指成"ㄱ"形，指尖朝前，在左手背上从左向右绕左手转动半圈。

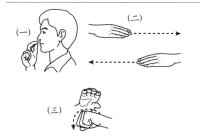

平流层②　píngliúcéng ②

（一）一手打手指字母"Q"的指式，指尖朝内，置于鼻孔处。

（二）双手横伸，掌心向下，一上一下，左右交错移动。

（三）左手握拳，手背向上，虎口朝内；右手五指成"コ"形，指尖朝前，在左手背上从左向右绕左手转动半圈。

气压带　qìyādài

（一）一手打手指字母"Q"的指式，指尖朝内，置于鼻孔处。

（二）左手握拳，手背向外，虎口朝上；右手横伸，掌心向下，置于左手虎口上，并向下一压。

（三）左手握拳，手背向外，虎口朝上；右手拇、食指微张，指尖朝内，在左手背不同位置横向划动两下。

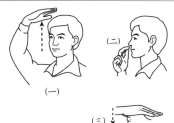

高气压　gāoqìyā

（一）一手横伸，掌心向下，向上移过头顶。

（二）一手打手指字母"Q"的指式，指尖朝内，置于鼻孔处。

（三）左手握拳，手背向外，虎口朝上；右手横伸，掌心向下，置于左手虎口上，并向下一压。

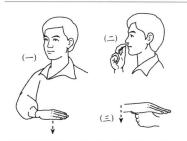

低气压　dīqìyā

（一）一手横伸，掌心向下，自腹部向下一按。

（二）一手打手指字母"Q"的指式，指尖朝内，置于鼻孔处。

（三）左手握拳，手背向外，虎口朝上；右手横伸，掌心向下，置于左手虎口上，并向下一压。

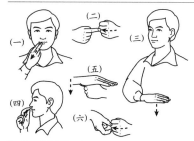

赤道低气压带　chìdào dīqìyādài

（一）一手打手指字母"H"的指式，摸一下嘴唇。

（二）左手握拳，手背向外，虎口朝上；右手食指横伸，沿左手中、无名指指缝划动半圈。

（三）一手横伸，掌心向下，自腹部向下一按。

（四）一手打手指字母"Q"的指式，指尖朝内，置于鼻孔处。

（五）左手握拳，手背向外，虎口朝上；右手横伸，掌心向下，置于左手虎口上，并向下一压。

（六）左手握拳，手背向外，虎口朝上；右手拇、食指微张，指尖朝内，沿左手中、无名指指缝划动半圈。

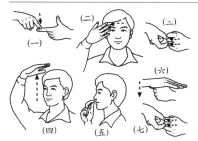

副热带高气压带　fùrèdài gāoqìyādài

（一）左手伸拇、食指，食指尖朝右，手背向外；右手伸食指，敲一下左手食指尖。

（二）一手五指张开，手背向外，在额头上一抹，如流汗状。

（三）左手握拳，手背向外，虎口朝上；右手拇、食指微张，指尖朝内，沿左手中、无名指关节间划动半圈。

（四）一手横伸，掌心向下，向上移过头顶。

（五）一手打手指字母"Q"的指式，指尖朝内，置于鼻孔处。

（六）左手握拳，手背向外，虎口朝上；右手横伸，掌心向下，置于左手虎口上，并向下一压。

（七）左手握拳，手背向外，虎口朝上；右手拇、食指微张，指尖朝内，沿左手食、中指指缝划动半圈。

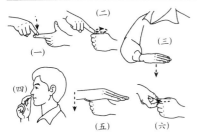

副极地低气压带　fùjídì dīqìyādài

（一）左手伸拇、食指，食指尖朝右，手背向外；右手伸食指，敲一下左手食指尖。

（二）左手握拳，手背向外，虎口朝上；右手伸食指，指尖朝下，在左手虎口转动一圈。

（三）一手横伸，掌心向下，自腹部向下一按。

（四）一手打手指字母"Q"的指式，指尖朝内，置于鼻孔处。

（五）左手握拳，手背向外，虎口朝上；右手横伸，掌心向下，置于左手虎口上，并向下一压。

（六）左手握拳，手背向外，虎口朝上；右手拇、食指微张，指尖朝内，沿左手食指划动半圈。

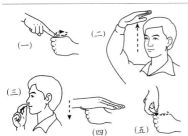

极地高气压带　jídì gāoqìyādài

（一）左手握拳，手背向外，虎口朝上；右手伸食指，指尖朝下，在左手虎口转动一圈。

（二）一手横伸，掌心向下，向上移过头顶。

（三）一手打手指字母"Q"的指式，指尖朝内，置于鼻孔处。

（四）左手握拳，手背向外，虎口朝上；右手横伸，掌心向下，置于左手虎口上，并向下一压。

（五）左手握拳，手背向外，虎口朝上；右手拇、食指微张，指尖朝下，沿左手虎口划动半圈。

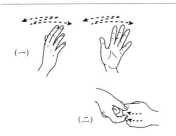

风带　fēngdài

（一）双手直立，掌心左右相对，五指微曲，左右来回扇动。

（二）左手握拳，手背向外，虎口朝上；右手拇、食指微张，指尖朝内，在左手背不同位置横向划动两下。

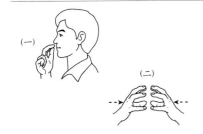

气团　qìtuán

（一）一手打手指字母"Q"的指式，指尖朝内，置于鼻孔处。

（二）双手五指弯曲张开，指尖左右相对，从两侧向中间移动。

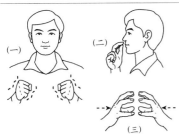

冷气团　lěngqìtuán

（一）双手握拳屈肘，小臂颤动几下，如哆嗦状。

（二）一手打手指字母"Q"的指式，指尖朝内，置于鼻孔处。

（三）双手五指弯曲张开，指尖左右相对，从两侧向中间移动。

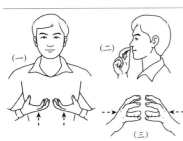

暖气团　nuǎnqìtuán

（一）双手横伸，掌心向上，五指微曲，从腹部缓慢上移。

（二）一手打手指字母"Q"的指式，指尖朝内，置于鼻孔处。

（三）双手五指弯曲张开，指尖左右相对，从两侧向中间移动。

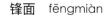

锋面　fēngmiàn

（一）双手五指弯曲，虎口朝内，左手五指指尖朝下，在下，表示冷气团，右手五指指尖朝左，在上，表示暖气团，然后双手同时从两侧向中间移动，右手拇指背贴于左手食、中指指背。

（二）左手五指弯曲，指尖朝下，虎口朝内；右手斜伸，掌心贴于左手指背，指尖朝左上方，然后向右下方划动一下，表示两种气团的交界面。

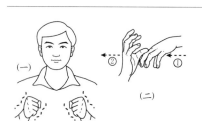

冷锋　lěngfēng

（一）双手握拳屈肘，小臂颤动几下，如哆嗦状。

（二）双手五指弯曲，虎口朝内，左手五指指尖朝下，在下，表示冷气团，右手五指指尖朝左，在上，表示暖气团，然后左手先靠向右手，再推动右手向右移动，表示冷锋是冷气团主动向暖气团移动形成的锋。

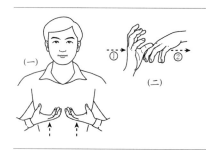

暖锋　nuǎnfēng

（一）双手横伸，掌心向上，五指微曲，从腹部缓慢上移。

（二）双手五指弯曲，虎口朝内，左手五指指尖朝下，在下，表示冷气团，右手五指指尖朝左，在上，表示暖气团，然后右手先靠向左手，再推动左手向左移动，表示暖锋是暖空气推动锋面向冷气团一侧移动的锋。

准静止锋　zhǔnjìngzhǐfēng

双手五指弯曲，虎口朝内，左手五指指尖朝下，在下，表示冷气团，右手五指指尖朝左，在上，表示暖气团，右手拇指背贴于左手食、中指指背，然后双手左右微动几下，表示冷暖气团互不退让的准静止锋现象。

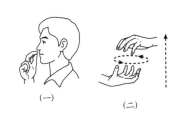

气旋　qìxuán

（一）一手打手指字母"Q"的指式，指尖朝内，置于鼻孔处。

（二）双手五指弯曲，指尖上下相对，边逆时针交替转动边向上移动，表示北半球气旋（表示南半球气旋时，则边顺时针交替转动边向上移动）。

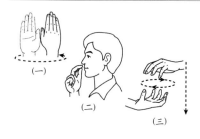

反气旋　fǎnqìxuán

（一）一手直立，掌心向外，然后翻转为掌心向内。

（二）一手打手指字母"Q"的指式，指尖朝内，置于鼻孔处。

（三）双手五指弯曲，指尖上下相对，边顺时针交替转动边向下移动，表示北半球反气旋（表示南半球反气旋时，则边逆时针交替转动边向下移动）。

云①（云层）　yún ① (yúncéng)

一手（或双手）五指成"凵"形，虎口朝内，在头前上方平行转动两下。

云②（云海）　yún ② (yúnhǎi)

双手平伸，掌心向下，五指张开，在头前上方交替平行转动两下。

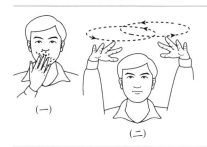

彩云　cǎiyún

（一）一手直立，掌心向内，五指张开，在嘴唇部交替点动。

（二）双手平伸，掌心向下，五指张开，在头前上方交替平行转动两下。

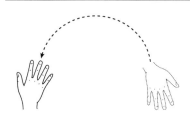

虹　hóng

右手五指张开，指尖朝下，置于身前左侧，然后向右做弧形移动，如天上的彩虹状。

闪电　shǎndiàn

一手伸食指，指尖朝前，在头前上方做"𝘻"形划动。

雷（雷击①）　léi (léijī ①)

一手伸食指，指尖朝前，在头前上方做"𝘻"形划动，然后猛然张开五指，同时眨眼张口，表示雷声。

雨　yǔ

　　双手五指微曲，指尖朝下，在头前快速向下动几下，表示雨点落下。

　　（可根据实际决定动作的力度）

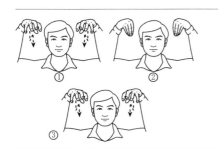

阵雨　zhènyǔ

　　双手五指微曲，指尖朝下，在头前快速向下动几下，然后撮合，再快速向下动几下，表示雨下一会儿停一会儿。

大雨（暴雨）　dàyǔ（bàoyǔ）

　　双手五指微曲，指尖朝下，在头前快速向下动几下，动作猛而急，表示雨大且迅猛，同时张口皱眉。

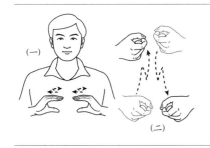

冰雹　bīngbáo

　　（一）双手五指成"⊏⊐"形，虎口朝内，左右微动几下，表示结冰。

　　（二）双手拇、食指捏成圆形，上下交替动几下，动作要快，如冰雹落下状。

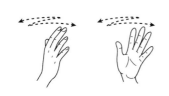

风（刮风、微风）　fēng（guāfēng、wēifēng）

　　双手（或一手）直立，掌心左右相对，五指微曲，左右来回扇动。

　　（可根据实际表示刮风的状态）

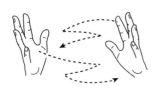

狂风（台风①、飓风①）　kuángfēng（táifēng①、jùfēng①）

　　双手直立，掌心左右相对，五指微曲，左右来回扇动，动作迅猛，幅度要大，同时张口皱眉。

　　（可根据实际表示狂风的状态）

台风②（飓风②）　táifēng ② (jùfēng ②)

双手五指弯曲，指尖上下相对，边逆时针交替转动边向上移动，表示台风是热带气旋的一种，嘴做吹气状，同时皱眉。

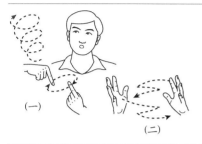

龙卷风（旋风）　lóngjuǎnfēng (xuànfēng)

（一）双手伸食指，指尖上下相对，边交替转动边向一侧上方做螺旋形移动，嘴做吹气状，同时皱眉。

（二）双手直立，掌心左右相对，五指微曲，左右来回扇动，动作迅猛，幅度要大，同时张口皱眉。

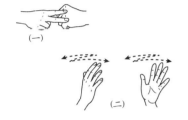

季风　jìfēng

（一）左手握拳，手背向上；右手食、中指横伸分开，手背向上，指尖分别抵于左手中、小指根部关节，表示夏季和冬季。

（二）双手直立，掌心左右相对，五指微曲，左右来回扇动。

（可根据实际表示季风）

雾　wù

双手直立，掌心向外，五指张开，在眼前交替转动两下，同时眯眼，表示重雾迷目。

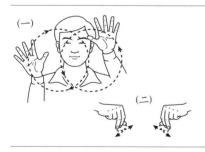

雾霾　wùmái

（一）双手直立，掌心向外，五指张开，在眼前交替转动两下，同时眯眼，表示重雾迷目。

（二）双手拇、食、中指相捏，指尖朝下，互捻几下，表示雾霾中的细微灰尘。

**露　**

左手横伸；右手拇、食指捏成圆形，置于左手掌心上，微晃几下。

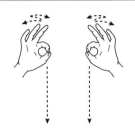

雪   xuě

双手平伸，掌心向下，五指张开，边交替点动边向斜下方缓慢下降，如雪花飘落状。

雪花   xuěhuā

双手拇、食指相捏，其他三指直立分开，虎口朝内，边晃动边向下移动。

冰   bīng

双手五指成"冂冂"形，虎口朝内，左右微动几下，表示结冰。

春   chūn

左手握拳，手背向上；右手食指点一下左手食指根部关节。

（"春"的手语存在地域差异，可根据实际选择使用）

夏   xià

左手握拳，手背向上；右手食指点一下左手中指根部关节。

（"夏"的手语存在地域差异，可根据实际选择使用）

秋   qiū

左手握拳，手背向上；右手食指点一下左手无名指根部关节。

（"秋"的手语存在地域差异，可根据实际选择使用）

冬　dōng

　　左手握拳，手背向上；右手食指点一下左手小指根部关节。

　　（"冬"的手语存在地域差异，可根据实际选择使用）

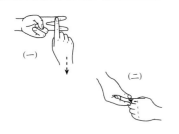

旱季　hànjì

　　（一）左手食、中指与右手食指搭成"干"字形，右手食指向下移动一下，表示干旱。

　　（二）左手握拳，手背向外，虎口朝上；右手拇、食指微张，指尖在左手食指根部关节横划一下。

　　（可根据实际表示旱季的时间）

雨季　yǔjì

　　（一）双手五指微曲，指尖朝下，在头前快速向下动几下，表示雨点落下。

　　（二）左手握拳，手背向外，虎口朝上；右手拇、食指微张，指尖在左手食指根部关节横划一下。

　　（可根据实际表示雨季的时间）

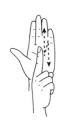

温度①（温度计①）　wēndù ①（wēndùjì ①）

　　左手直立，掌心向外；右手食指直立，贴于左手掌心，上下移动两下。

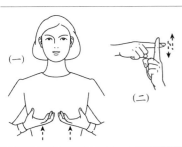

温度②（温度计②）　wēndù ②（wēndùjì ②）

　　（一）双手横伸，掌心向上，五指微曲，从腹部缓慢上移。

　　（二）左手食指直立；右手食指横贴在左手食指上，然后上下微动几下。

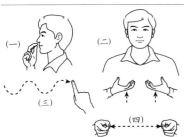

气温曲线　qìwēn qūxiàn

　　（一）一手打手指字母"Q"的指式，指尖朝内，置于鼻孔处。

　　（二）双手横伸，掌心向上，五指微曲，从腹部缓慢上移。

　　（三）一手伸食指，指尖朝前，从左向右划曲线。

　　（四）双手拇、食指相捏，虎口朝上，从中间向两侧拉开。

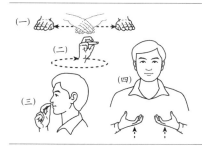

平均气温①   pínjūn qìwēn ①

（一）双手五指并拢，掌心向下，交叉相搭，然后分别向两侧移动。

（二）一手食指横伸，拇、中指弯曲，仿除号形状，顺时针平行转动一圈。

（三）一手打手指字母"Q"的指式，指尖朝内，置于鼻孔处。

（四）双手横伸，掌心向上，五指微曲，从腹部缓慢上移。

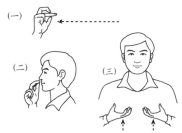

平均气温②   pínjūn qìwēn ②

（一）一手食指横伸，拇、中指弯曲，仿除号形状，向一侧移动一下。

（二）一手打手指字母"Q"的指式，指尖朝内，置于鼻孔处。

（三）双手横伸，掌心向上，五指微曲，从腹部缓慢上移。

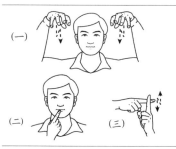

降水量   jiàngshuǐliàng

（一）双手五指微曲，指尖朝下，在头前快速向下动几下，表示雨点落下。

（二）一手伸食指，指尖贴于下嘴唇。

（三）左手食指直立；右手食指横贴在左手食指上，然后上下微动几下。

6. 自然灾害

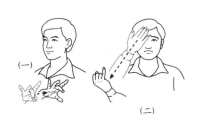

自然灾害   zìrán zāihài

（一）右手拇、中指相捏，边碰向左胸部边张开。

（二）一手拍一下前额，然后边向前下方移动边伸出小指，面露愁容。

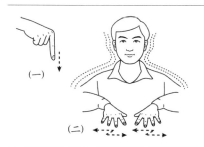

地震   dìzhèn

（一）一手伸食指，指尖朝下一指。

（二）双手平伸，掌心向下，五指张开，左右晃动几下，身体随之摇晃。

（可根据实际表示地震的状态）

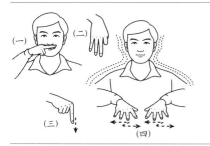

汶川地震　Wèn-chuān Dìzhèn

（一）一手食、中指横伸相叠，手背向上，置于鼻下。

（二）一手中、无名、小指分开，指尖朝下，手背向外，仿"川"字形。

（三）一手伸食指，指尖朝下一指。

（四）双手平伸，掌心向下，五指张开，左右晃动几下，身体随之摇晃。

滑坡　huápō

左手拇、食、小指直立，手背向外，仿"山"字形；右手五指撮合，指尖朝下，置于左手背上，然后快速向下移动，五指张开，掌心向下，如滑坡状。

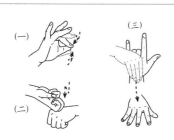

泥石流　níshíliú

（一）一手拇、中指相捏两下，指尖朝前。

（二）左手握拳；右手食、中指弯曲，以指关节在左手背上敲两下。

（三）左手拇、食、小指直立，手背向外，仿"山"字形；右手五指撮合，指尖朝下，置于左手背上，然后快速向下移动，五指张开，掌心向下，如滑坡状。

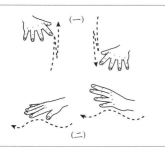

海啸①　hǎixiào ①

（一）双手平伸，掌心向下，五指张开，上下交替移动，表示起伏的波浪。

（二）双手平伸，掌心向下，五指张开，一前一后，一高一低，同时向前做大的起伏状移动，表示激流汹涌奔腾。

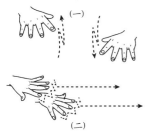

海啸②　hǎixiào ②

（一）双手平伸，掌心向下，五指张开，上下交替移动，表示起伏的波浪。

（二）双手平伸，掌心向下，五指张开，一高一低，边交替点动边同时向前移动，表示海啸引发的海浪滚滚向前的状态。

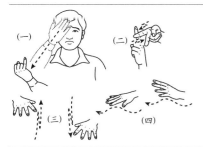

灾害性海浪　zāihàixìng hǎilàng

（一）一手拍一下前额，然后边向前下方移动边伸出小指，面露愁容。

（二）左手食指直立；右手食、中指横伸，指背交替弹左手食指背。

（三）双手平伸，掌心向下，五指张开，上下交替移动，表示起伏的波浪。

（四）双手平伸，掌心向下，五指张开，一前一后，一高一低，同时向前做大的起伏状移动，表示巨大的海浪。

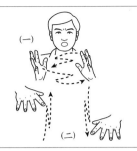

风暴潮　fēngbàocháo

（一）双手直立，掌心左右相对，五指微曲，左右来回扇动，动作迅猛，幅度要大，同时张口皱眉。

（二）双手平伸，掌心向下，五指张开，上下交替移动，幅度要大，表示巨浪。

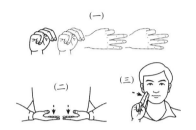

厄尔尼诺现象　è'ěrnínuò xiànxiàng

（一）一手连续打手指字母"E""E""N""N"的指式。

（二）双手横伸，掌心向上，在腹前向下微动一下。

（三）一手食、中指直立并拢，掌心向斜前方，朝脸颊碰一下。

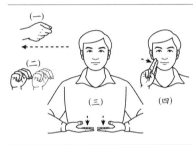

拉尼娜现象　lānínà xiànxiàng

（一）一手握拳，向内拉动一下。

（二）一手连续打两次手指字母"N"的指式。

（三）双手横伸，掌心向上，在腹前向下微动一下。

（四）一手食、中指直立并拢，掌心向斜前方，朝脸颊碰一下。

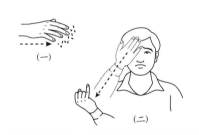

水灾　shuǐzāi

（一）一手横伸，掌心向下，五指张开，边交替点动边向一侧移动。

（二）一手拍一下前额，然后边向前下方移动边伸出小指，面露愁容。

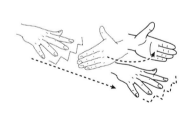

决口（决堤）　juékǒu (juédī)

左手横立，掌心向内；右手平伸，掌心向下，五指张开，边交替点动边向前移动，用力将左手向左顶开，表示激流冲开堤坝。

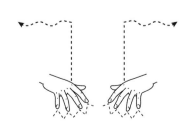

泛滥　fànlàn

双手平伸，掌心向下，五指张开，边交替点动边向上移动，再向两侧移动，表示洪水泛滥。

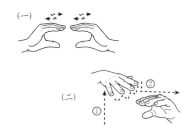

凌汛　língxùn

（一）双手五指成"匚ㄱ"形，虎口朝内，左右微动几下，表示结冰。

（二）左手五指成"匚"形，虎口朝内；右手平伸，掌心向下，五指张开，边交替点动边从下向上移动，再从左手上方向前移动，表示河水上涨后漫过浮冰。

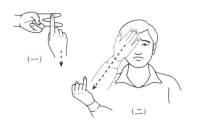

旱灾　hànzāi

（一）左手食、中指与右手食指搭成"干"字形，右手食指向下移动一下，表示干旱。

（二）一手拍一下前额，然后边向前下方移动边伸出小指，面露愁容。

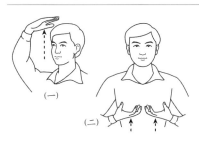

高温①　gāowēn①

（一）一手横伸，掌心向下，向上移过头顶。

（二）双手横伸，掌心向上，五指微曲，从腹部缓慢上移。

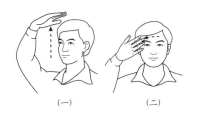

高温②　gāowēn②

（一）一手横伸，掌心向下，向上移过头顶。

（二）一手五指张开，手背向外，在额头上一抹，如流汗状。

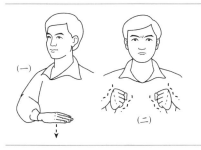

低温　dīwēn

（一）一手横伸，掌心向下，自腹部向下一按。

（二）双手握拳屈肘，小臂颤动几下，如哆嗦状。

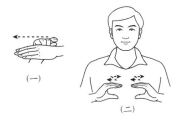

霜冻　shuāngdòng

（一）左手横伸；右手拇、食指微张，指尖朝前，在左手背上从左向右移动一下，表示一层白霜。

（二）双手五指成"匚ㄱ"形，虎口朝内，左右微动几下，表示结冰。

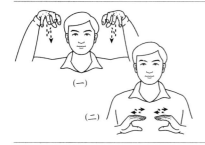

冻雨　dòngyǔ

（一）双手五指微曲，指尖朝下，在头前快速向下动几下，表示雨点落下。

（二）双手五指成"匚コ"形，虎口朝内，左右微动几下，表示结冰。

寒流❷（寒潮）　hánliú ❷（háncháo）

（一）双手握拳屈肘，小臂颤动几下，如哆嗦状。

（二）一手平伸，掌心向下，五指张开，边交替点动边向前移动两下。

（此手语表示大气运动中的寒流）

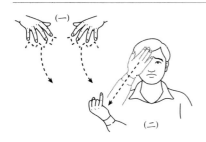

雪灾　xuězāi

（一）双手平伸，掌心向下，五指张开，边交替点动边向斜下方缓慢下降，如雪花飘落状。

（二）一手拍一下前额，然后边向前下方移动边伸出小指，面露愁容。

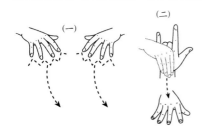

雪崩　xuěbēng

（一）双手平伸，掌心向下，五指张开，边交替点动边向斜下方缓慢下降，如雪花飘落状。

（二）左手拇、食、小指直立，手背向外，仿"山"字形；右手五指撮合，指尖朝下，置于左手背上，然后快速向下移动，五指张开，掌心向下，表示山上积雪崩塌下落。

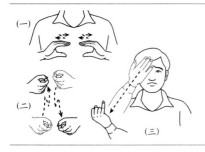

雹灾　báozāi

（一）双手五指成"匚コ"形，虎口朝内，左右微动几下，表示结冰。

（二）双手拇、食指捏成圆形，上下交替动几下，动作要快，如冰雹落下状。

（三）一手拍一下前额，然后边向前下方移动边伸出小指，面露愁容。

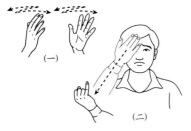

风灾　fēngzāi

（一）双手直立，掌心左右相对，五指微曲，左右来回扇动。

（二）一手拍一下前额，然后边向前下方移动边伸出小指，面露愁容。

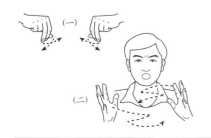

沙尘暴　shāchénbào

（一）双手拇、食、中指相捏，指尖朝下，互捻几下。

（二）双手直立，掌心左右相对，五指微曲，左右来回扇动，动作迅猛，幅度要大，同时张口皱眉。

雷击②　léijī②

左手伸拇、小指，手背向左；右手伸食指，指尖朝前，边在头前上方做"ㄣ"形划动边碰向左手拇指尖，左手随之倒下，表示人受到雷击。

（可根据实际表示被雷击的物体）

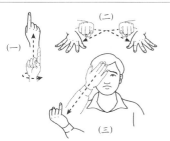

生物灾害　shēngwù zāihài

（一）一手食指直立，边转动手腕边向上移动。

（二）双手食指指尖朝前，手背向上，先互碰一下，再分开并张开五指。

（三）一手拍一下前额，然后边向前下方移动边伸出小指，面露愁容。

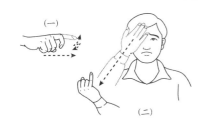

虫灾　chóngzāi

（一）一手食指横伸，手背向上，边弯动边向一侧移动。

（二）一手拍一下前额，然后边向前下方移动边伸出小指，面露愁容。

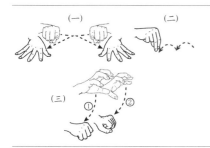

物种入侵　wùzhǒng rùqīn

（一）双手食指指尖朝前，手背向上，先互碰一下，再分开并张开五指。

（二）一手拇、食、中指相捏，指尖朝下，在不同位置点动两下。

（三）双手五指弯曲，交替做抓物的动作。

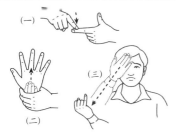

次生灾害　cìshēng zāihài

（一）左手伸拇、食指，食指尖朝右，手背向外；右手伸食指，敲一下左手食指尖。

（二）左手五指成半圆形，虎口朝上；右手五指撮合，指尖朝上，手背向外，边从左手虎口内伸出边张开。

（三）一手拍一下前额，然后边向前下方移动边伸出小指，面露愁容。

防灾　fángzāi
（一）一手拍一下前额，然后边向前下方移动边伸出小指，面露愁容。
（二）双手直立，掌心向外一推。

减灾　jiǎnzāi
（一）一手拍一下前额，然后边向前下方移动边伸出小指，面露愁容。
（二）双手直立，掌心向斜前方，拇指张开，其他四指向下弯动。
（可根据实际表示减灾）

7. 人文环境

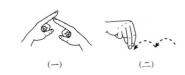

人种　rénzhǒng
（一）双手食指搭成"人"字形。
（二）一手拇、食、中指相捏，指尖朝下，在不同位置点动两下。

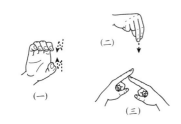

白种人（白人）　báizhǒngrén（báirén）
（一）一手五指弯曲，掌心向外，指尖弯动两下。
（二）一手拇、食、中指相捏，指尖朝下，点动一下。
（三）双手食指搭成"人"字形。

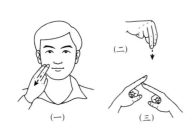

黄种人①　huángzhǒngrén ①
（一）一手打手指字母"H"的指式，摸一下脸颊。
（二）一手拇、食、中指相捏，指尖朝下，点动一下。
（三）双手食指搭成"人"字形。

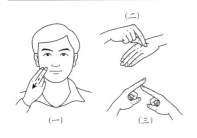

黄种人②　huángzhǒngrén ②

（一）一手打手指字母"H"的指式，摸一下脸颊。

（二）左手横伸，手背向上；右手拇、食指捏一下左手背皮肤。

（三）双手食指搭成"人"字形。

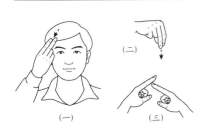

黑种人（黑人）　hēizhǒngrén（hēirén）

（一）一手打手指字母"H"的指式，摸一下头发。

（二）一手拇、食、中指相捏，指尖朝下，点动一下。

（三）双手食指搭成"人"字形。

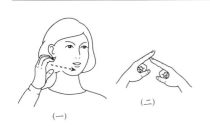

阿拉伯人　Ālābórén

（一）右手五指微曲，指尖抵于右耳下部，然后向颏部划动一下，仿阿拉伯男子胡子的样子。

（二）双手食指搭成"人"字形。

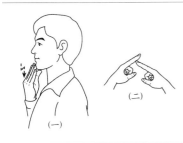

犹太人　Yóutàirén

（一）一手五指聚拢，指尖朝上，从颏部向下移动两下。

（二）双手食指搭成"人"字形。

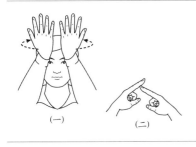

印第安人①　Yìndì'ānrén ①

（一）双手直立，手背向外，五指张开，置于前额，然后沿头两侧移动。

（二）双手食指搭成"人"字形。

印第安人②　Yìndì'ānrén ②

（一）一手拇、食指相捏，其他三指直立分开，先置于嘴角一侧，再移向同侧耳垂。

（二）双手食指搭成"人"字形。

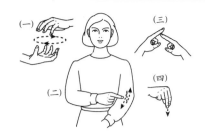

混血人种　hùnxuè rénzhǒng

（一）双手五指弯曲，指尖上下相对，交替平行转动两下。
（二）右手伸食指，在左臂处上下划动几下。
（三）双手食指搭成"人"字形。
（四）一手拇、食、中指相捏，指尖朝下，点动一下。

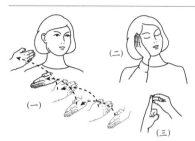

原住民　yuánzhùmín

（一）双手横立，掌心向内，五指并拢，一前一后，交替向肩后移动。
（二）一手掌心贴于脸部，头微侧，闭眼，如睡觉状。
（三）左手食指与右手拇、食指搭成"民"字的一部分。

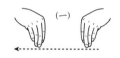

移民　yímín

（一）双手五指撮合，指尖朝下，从一侧向另一侧移动。
（二）左手食指与右手拇、食指搭成"民"字的一部分。

混居　hùnjū

（一）双手五指弯曲，指尖上下相对，交替平行转动两下。
（二）一手掌心贴于脸部，头微侧，闭眼，如睡觉状。

聚落　jùluò

（一）双手直立，掌心左右相对，五指微曲，从两侧向中间移动。
（二）双手五指微曲，指尖朝下，边点动边向后做弧形移动，表示彼此挨近的聚落。
（可根据实际表示聚落的形态）

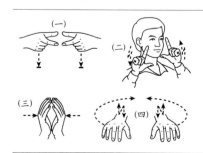

团块状聚落　tuánkuàizhuàng jùluò

（一）双手拇、食指成圆形，虎口朝上，向下一顿。
（二）双手拇、食指成"∟∫"形，置于脸颊两侧，上下交替动两下。
（三）双手直立，掌心左右相对，五指微曲，从两侧向中间移动。
（四）双手五指微曲，指尖朝下，边点动边向后做弧形移动，表示彼此挨近的聚落。
（可根据实际表示团块状聚落的分布）

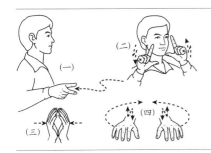

条带状聚落　tiáodàizhuàng jùluò

（一）一手拇、食指张开，指尖朝前，虎口朝上，从前向后做曲线形移动。

（二）双手拇、食指成"⌐⌐"形，置于脸颊两侧，上下交替动两下。

（三）双手直立，掌心左右相对，五指微曲，从两侧向中间移动。

（四）双手五指微曲，指尖朝下，边点动边向后做弧形移动，表示彼此挨近的聚落。

（可根据实际表示条带状聚落的分布）

窑洞　yáodòng

（一）一手掌心贴于脸部，头微侧，闭眼，如睡觉状。

（二）左手五指成"∩"形，虎口朝右；右手五指并拢，在左手下做弧形移动，仿窑洞的形状。

冰屋　bīngwū

（一）双手五指成"⌐⌐"形，虎口朝内，左右微动几下，表示结冰。

（二）双手五指成"⌐⌐"形，指尖朝前，虎口相挨，然后同时向下做弧形移动。

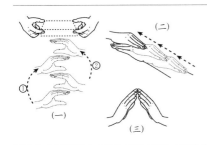

砖瓦房　zhuānwǎfáng

（一）双手五指成"⌐⌐"形，虎口朝内，交替上叠，模仿垒砖的动作，然后双手拇、食指成"⌐⌐"形，虎口朝上。

（二）双手斜伸，左手在下不动，指尖朝右上方，右手手背拱起，从左小臂向左手背方向一顿一顿移动几下，如铺房瓦状。

（三）双手搭成"∧"形。

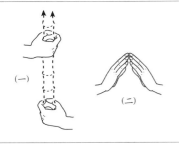

竹楼　zhúlóu

（一）双手拇、食指捏成圆形，虎口朝上，上下相叠，左手在下不动，右手向上一顿一顿移动，仿竹的外形。

（二）双手搭成"∧"形。

土楼　tǔlóu

（一）一手拇、食、中指相捏，指尖朝下，互捻几下。

（二）双手五指弯曲，指尖朝下，从前向后做弧形移动，仿土楼的形状。

蒙古包　měnggǔbāo

（一）右手五指撮合，指尖朝下，沿头顶转动一圈，然后在头右侧张开，仿蒙古族头饰。

（二）双手五指微曲，指尖左右相对，虎口朝内，从上向下做弧形移动，仿蒙古包的形状。

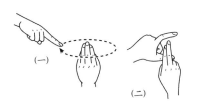

社区　shèqū

（一）左手五指撮合，指尖朝上；右手伸食指，指尖朝下，绕左手转动一圈。

（二）左手拇、食指成"匚"形，虎口朝内；右手食、中指相叠，手背向内，置于左手"匚"形中，仿"区"字形。

 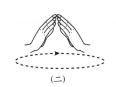

山村　shāncūn

（一）一手拇、食、小指直立，手背向外，仿"山"字形。

（二）双手搭成"∧"形，顺时针平行转动一圈。

 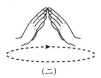

牧村　mùcūn

（一）一手握拳上举，做扬鞭的动作。

（二）双手搭成"∧"形，顺时针平行转动一圈。

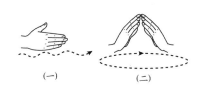

渔村　yúcūn

（一）一手横立，手背向外，向一侧做曲线形移动（或一手侧立，向前做曲线形移动），如鱼游动状。"鱼"与"渔"音同形近，借代。

（二）双手搭成"∧"形，顺时针平行转动一圈。

 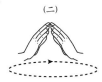

水乡　shuǐxiāng

（一）一手横伸，掌心向下，五指张开，边交替点动边向一侧移动。

（二）双手搭成"∧"形，顺时针平行转动一圈。

城市化　chéngshìhuà

（一）双手食指直立，指面相对，从中间向两侧弯动，仿城墙"几几几"形。

（二）一手打手指字母"H"的指式，指尖朝前斜下方，平行划动一下。

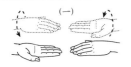

逆城市化　nìchéngshìhuà

（一）双手横伸，掌心朝向一上一下，然后同时翻转一下。

（二）双手食指直立，指面相对，从中间向两侧弯动，仿城墙"几几几"形。

（三）一手打手指字母"H"的指式，指尖朝前斜下方，平行划动一下。

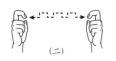

农业　nóngyè

（一）双手五指弯曲，掌心向下，一前一后，向后移动两下，模仿耙地的动作。

（二）左手食、中、无名、小指直立分开，手背向外；右手食指横伸，置于左手四指根部，仿"业"字形。

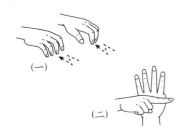

畜牧业　xùmùyè

（一）一手握拳上举，做扬鞭的动作。

（二）双手斜立，掌心向外，向前移动两下，如赶牲畜状。

（三）左手食、中、无名、小指直立分开，手背向外；右手食指横伸，置于左手四指根部，仿"业"字形。

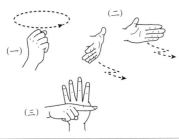

养殖业　yǎngzhíyè

（一）左手拇、食指捏成圆形，虎口朝上；右手伸拇、食、中指，食、中指并拢弯曲，指尖朝下，在左手虎口处向外拨动两下。

（二）左手伸拇指，其他四指攥住右手小指，然后右手小指从左手掌心内向下移出两下。

（三）左手食、中、无名、小指直立分开，手背向外；右手食指横伸，置于左手四指根部，仿"业"字形。

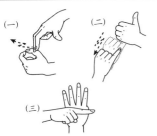
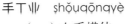
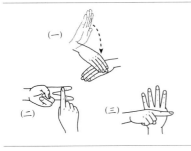

手工业　shǒugōngyè

（一）左手横伸，掌心向下；右手拍一下左手背。

（二）左手食、中指与右手食指搭成"工"字形。

（三）左手食、中、无名、小指直立分开，手背向外；右手食指横伸，置于左手四指根部，仿"业"字形。

服务业　fúwùyè

（一）右手横立，掌心向内，在左胸部向上划动两下。

（二）左手食、中、无名、小指直立分开，手背向外；右手食指横伸，置于左手四指根部，仿"业"字形。

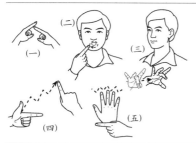

人口自然增长率　rénkǒu zìrán zēngzhǎnglǜ

（一）双手食指搭成"人"字形。

（二）一手伸食指，沿嘴部转动一圈，口张开。

（三）右手拇、中指相捏，边碰向左胸部边张开。

（四）左手拇、食指成"└"形，手背向外；右手伸食指，指尖朝前，在左手虎口处向右上方做折线形移动。

（五）左手食指横伸，手背向外；右手直立，手背向外，手腕贴于左手食指，五指张开，交替点动几下。

（可根据实际表示增长率）

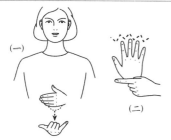

出生率　chūshēnglǜ

（一）左手横立，五指微曲，置于腹前；右手伸拇、小指，手背向下，先置于左手掌心内，再向下移出。

（二）左手食指横伸，手背向外；右手直立，手背向外，手腕贴于左手食指，五指张开，交替点动几下。

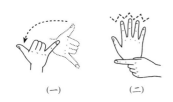

死亡率　sǐwánglǜ

（一）右手伸拇、小指，先直立，再向右转腕。

（二）左手食指横伸，手背向外；右手直立，手背向外，手腕贴于左手食指，五指张开，交替点动几下。

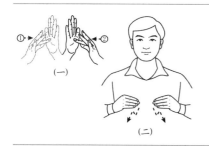

基督教　Jīdūjiào

（一）双手直立，掌心左右相对，右手中指先点一下左手掌心，左手中指再点一下右手掌心。

（二）双手五指撮合，指尖相对，手背向外，在胸前向前晃动两下。

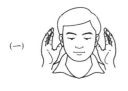

伊斯兰教　Yīsīlánjiào

（一）双手直立，掌心左右相对，五指微曲，拇指尖抵于耳垂后部。

（二）双手五指撮合，指尖相对，手背向外，在胸前向前晃动两下。

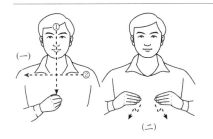

天主教　Tiānzhǔjiào

（一）右手五指撮合，指尖朝内，先从上向下再从左向右划"十"字。

（二）双手五指撮合，指尖相对，手背向外，在胸前向前晃动两下。

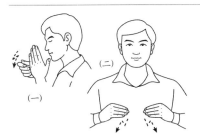

佛教　Fójiào

（一）左手直立，掌心向右；右手虚握，做敲木鱼的动作，双眼闭拢。

（二）双手五指撮合，指尖相对，手背向外，在胸前向前晃动两下。

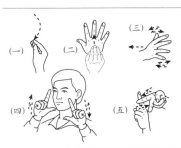

文化多样性　wénhuà duōyàngxìng

（一）一手五指撮合，指尖朝前，撇动一下，如执毛笔写字状。

（二）一手五指撮合，指尖朝上，边向上微移边张开。

（三）一手侧立，五指张开，边抖动边向一侧移动。

（四）双手拇、食指成"∟｜"形，置于脸颊两侧，上下交替动两下。

（五）左手食指直立；右手食、中指横伸，指背交替弹左手食指背。

8. 环境保护　污染治理

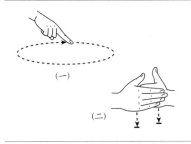

环境保护①（环保①）　huánjìng bǎohù ①（huánbǎo ①）

（一）一手伸食指，指尖朝下划一大圈。

（二）左手伸拇指；右手横立，掌心向内，五指微曲，置于左手前，然后双手同时向下一顿。

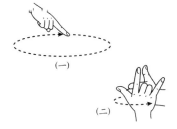

环境保护②（环保②）　huánjìng bǎohù ②（huánbǎo ②）

（一）一手伸食指，指尖朝下划一大圈。

（二）左手伸拇指；右手拇、食、小指直立，绕左手转动半圈。

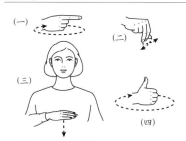

国土安全　guótǔ ānquán

（一）一手打手指字母"G"的指式，顺时针平行转动一圈。

（二）一手拇、食、中指相捏，指尖朝下，互捻几下。

（三）一手横伸，掌心向下，自胸部向下一按。

（四）一手伸拇指，顺时针平行转动一圈。

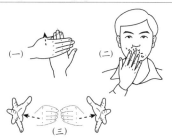

绿色发展　lǜsè fāzhǎn

（一）左手食、中、无名、小指并拢，指尖朝右上方，手背向外；右手五指向上捋一下左手四指。

（二）一手直立，掌心向内，五指张开，在嘴唇部交替点动。

（三）双手虚握，虎口朝上，然后边向两侧移动边张开五指。

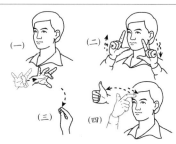

生态文明　shēngtài wénmíng

（一）右手拇、中指相捏，边碰向左胸部边张开。

（二）双手拇、食指成"∟⅃"形，置于脸颊两侧，上下交替动两下。

（三）一手五指撮合，指尖朝前，撇动一下，如执毛笔写字状。

（四）一手伸拇、食指，食指点一下前额，然后边向外移出边缩回食指。

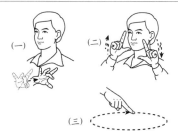

生态环境　shēngtài huánjìng

（一）右手拇、中指相捏，边碰向左胸部边张开。

（二）双手拇、食指成"∟⅃"形，置于脸颊两侧，上下交替动两下。

（三）一手伸食指，指尖朝下划一大圈。

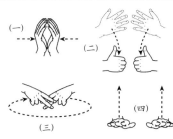

和谐共生　héxié gòngshēng

（一）双手直立，掌心左右相对，五指微曲，从两侧向中间移动。

（二）双手横立，掌心向内，五指张开，边向下转动边食、中、无名、小指弯曲，指尖抵于掌心。

（三）双手食、中指搭成"共"字形，手背向上，平行转动一圈。

（四）双手平伸，掌心向下，同时向上移动。

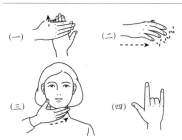

绿水青山　lǜshuǐ qīngshān

（一）左手食、中、无名、小指并拢，指尖朝右上方，手背向外；右手五指向上捋一下左手四指。

（二）一手横伸，掌心向下，五指张开，边交替点动边向一侧移动。

（三）一手横立，掌心向内，食、中、无名、小指并拢，在颏部从右向左摸一下。

（四）一手拇、食、小指直立，手背向外，仿"山"字形。

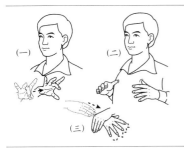

自然资源 zìrán zīyuán
（一）右手拇、中指相捏，边碰向左胸部边张开。
（二）双手五指张开，掌心向下，拇指尖抵于胸部。
（三）左手横伸，手背拱起；右手平伸，掌心向下，移入左手下，五指交替点动。

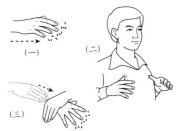

水资源 shuǐzīyuán
（一）一手横伸，掌心向下，五指张开，边交替点动边向一侧移动。
（二）双手五指张开，掌心向下，拇指尖抵于胸部。
（三）左手横伸，手背拱起；右手平伸，掌心向下，移入左手下，五指交替点动。

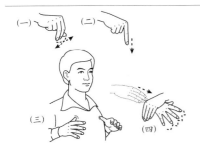

土地资源 tǔdì zīyuán
（一）一手拇、食、中指相捏，指尖朝下，互捻几下。
（二）一手伸食指，指尖朝下一指。
（三）双手五指张开，掌心向下，拇指尖抵于胸部。
（四）左手横伸，手背拱起；右手平伸，掌心向下，移入左手下，五指交替点动。

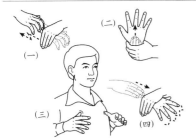

矿产资源 kuàngchǎn zīyuán
（一）左手横伸，手背拱起；右手五指微曲，掌心向下，在左手掌心下向后刨动两下，表示采矿。
（二）左手五指成半圆形，虎口朝上；右手五指撮合，指尖朝上，手背向外，边从左手虎口内伸出边张开。
（三）双手五指张开，掌心向下，拇指尖抵于胸部。
（四）左手横伸，手背拱起；右手平伸，掌心向下，移入左手下，五指交替点动。

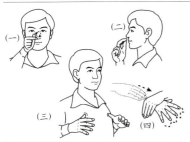

油气资源 yóuqì zīyuán
（一）一手拇、食指搭成"十"字形，置于鼻翼一侧，微转两下。
（二）一手打手指字母"Q"的指式，指尖朝内，置于鼻孔处。
（三）双手五指张开，掌心向下，拇指尖抵于胸部。
（四）左手横伸，手背拱起；右手平伸，掌心向下，移入左手下，五指交替点动。

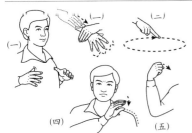

资源环境承载力 zīyuán huánjìng chéngzàilì
（一）双手五指张开，掌心向下，拇指尖抵于胸部。
（二）左手横伸，手背拱起；右手平伸，掌心向下，移入左手下，五指交替点动。
（三）一手伸食指，指尖朝下划一大圈。
（四）右手五指成"冖"形，压向左肩，左肩随之向左一歪。
（五）一手握拳屈肘，用力向内弯动一下。

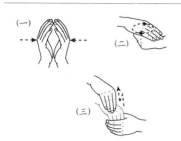

集约利用　*jíyuē lìyòng*

（一）双手直立，掌心左右相对，五指微曲，从两侧向中间移动。

（二）左手拇、食指捏成圆形，虎口朝上；右手平伸，掌心贴于左手虎口，转动两下。

（三）左手五指成"匚"形，虎口朝上；右手五指撮合，指尖朝下，从左手虎口内抽出，重复一次。

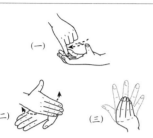

垃圾分类　*lājī fēnlèi*

（一）左手五指微曲，指尖朝上；右手伸小指，指尖朝下，在左手掌心上划动两下。

（二）左手横伸；右手侧立，置于左手掌心上，并左右拨动一下。

（三）一手五指张开，指尖朝上，然后撮合。

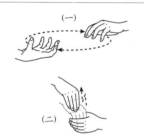

循环利用（循环使用）　*xúnhuán lìyòng（xúnhuán shǐyòng）*

（一）双手五指弯曲，指尖朝向一上一下，交替平行转动两下。

（二）左手五指成"匚"形，虎口朝上；右手五指撮合，指尖朝下，从左手虎口内抽出，重复一次。

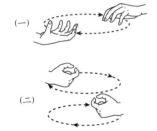

循环经济　*xúnhuán jīngjì*

（一）双手五指弯曲，指尖朝向一上一下，交替平行转动两下。

（二）双手拇、食指成圆形，指尖稍分开，虎口朝上，交替顺时针平行转动。

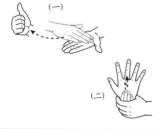

清洁生产　*qīngjié shēngchǎn*

（一）左手横伸；右手平伸，掌心向下，贴于左手掌心，边向左手指尖方向移动边弯曲食、中、无名、小指，指尖抵于掌心，拇指直立。

（二）左手五指成半圆形，虎口朝上；右手五指撮合，指尖朝上，手背向外，边从左手虎口内伸出边张开，重复一次。

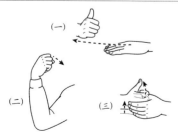

新能源　*xīnnéngyuán*

（一）左手横伸；右手伸拇指，在左手背上从左向右划出。

（二）一手握拳屈肘，用力向内弯动一下。

（三）左手五指成半圆形，虎口朝上；右手拇、食指相捏，置于左手虎口内，然后边向上移动边弹出拇指。

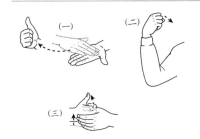

清洁能源　qīngjié néngyuán

（一）左手横伸；右手平伸，掌心向下，贴于左手掌心，边向左手指尖方向移动边弯曲食、中、无名、小指，指尖抵于掌心，拇指直立。

（二）一手握拳屈肘，用力向内弯动一下。

（三）左手五指成半圆形，虎口朝上；右手拇、食指相捏，置于左手虎口内，然后边向上移动边弹出拇指。

氢能　qīngnéng

（一）一手打手指字母"H"的指式，掌心向内，置于鼻前，转动一小圈，表示氢的元素符号"H"。

（二）一手握拳屈肘，用力向内弯动一下。

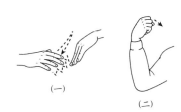

潮汐能　cháoxīnéng

（一）左手斜伸，手背向右上方；右手横伸，掌心向下，五指张开，边交替点动边沿左手背先向上再向下移动。

（二）一手握拳屈肘，用力向内弯动一下。

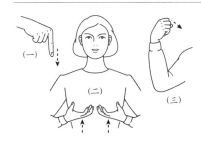

地热能　dìrènéng

（一）一手伸食指，指尖朝下一指。

（二）双手横伸，掌心向上，五指微曲，从腹部缓慢上移。

（三）一手握拳屈肘，用力向内弯动一下。

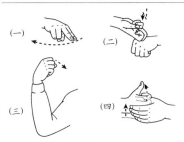

化石能源　huàshí néngyuán

（一）一手打手指字母"H"的指式，指尖朝前斜下方，平行划动一下。

（二）左手握拳；右手食、中指弯曲，以指关节在左手背上敲两下。

（三）一手握拳屈肘，用力向内弯动一下。

（四）左手五指成半圆形，虎口朝上；右手拇、食指相捏，置于左手虎口内，然后边向上移动边弹出拇指。

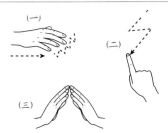

水电站　shuǐdiànzhàn

（一）一手横伸，掌心向下，五指张开，边交替点动边向一侧移动。

（二）一手食指书空"㇆"形。

（三）双手搭成"∧"形。

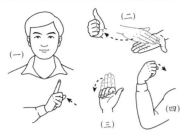

自净能力　zìjìng nénglì

（一）右手食指直立，虎口朝内，贴向左胸部。

（二）左手横伸；右手平伸，掌心向下，贴于左手掌心，边向左手指尖方向移动边弯曲食、中、无名、小指，指尖抵于掌心，拇指直立。

（三）一手直立，掌心向外，然后食、中、无名、小指弯动一下。

（四）一手握拳屈肘，用力向内弯动一下。

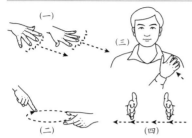

流域治理　liúyù zhìlǐ

（一）双手平伸，掌心向下，五指张开，一前一后，边交替点动边向前移动。

（二）左手拇、食指成半圆形，虎口朝上；右手伸食指，指尖朝下，沿左手虎口划一圈。

（三）右手五指微曲，指尖朝内，按向左肩。

（四）双手侧立，掌心相对，向一侧一顿一顿移动几下。

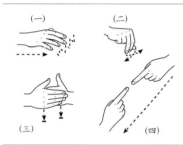

水土保持　shuǐtǔ bǎochí

（一）一手横伸，掌心向下，五指张开，边交替点动边向一侧移动。

（二）一手拇、食、中指相捏，指尖朝下，互捻几下。

（三）左手伸拇指；右手横立，掌心向内，五指微曲，置于左手前，然后双手同时向下一顿。

（四）双手伸食指，指尖斜向相对，同时向斜下方移动。

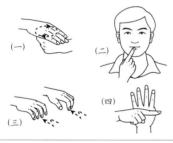

节水农业　jiéshuǐ nóngyè

（一）左手拇、食指捏成圆形，虎口朝上；右手平伸，掌心贴于左手虎口，转动两下。

（二）一手伸食指，指尖贴于下嘴唇。

（三）双手五指弯曲，掌心向下，一前一后，向后移动两下，模仿耙地的动作。

（四）左手食、中、无名、小指直立分开，手背向外；右手食指横伸，置于左手四指根部，仿"业"字形。

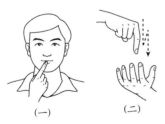

滴灌　dīguàn

（一）一手伸食指，指尖贴于下嘴唇。

（二）左手五指弯曲，指尖朝上；右手伸食指，指尖朝下，在左手上方连续向下点几下。

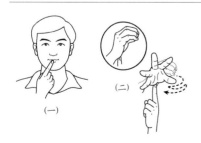

喷灌　pēnguàn

（一）一手伸食指，指尖贴于下嘴唇。

（二）左手食指直立；右手五指撮合，指尖朝左，手腕置于左手食指尖，边向外甩动边张开，重复一次。

灌溉　guàngài

左手横伸，手背向上；右手平伸，掌心向下，五指张开，边交替点动边向前移过左手背。

（可根据实际表示灌溉的方式）

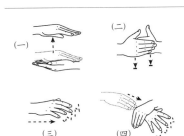

涵养水源　hányǎng shuǐyuán

（一）双手横伸，掌心相贴，左手在下不动，右手向上移动。

（二）左手伸拇指；右手横立，掌心向内，五指微曲，置于左手前，然后双手同时向下一顿。

（三）一手横伸，掌心向下，五指张开，边交替点动边向一侧移动。

（四）左手横伸，手背拱起；右手平伸，掌心向下，移入左手下，五指交替点动。

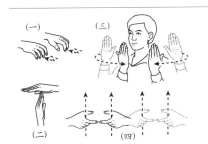

退耕还林　tuìgēng huánlín

（一）双手五指弯曲，掌心向下，一前一后，向后移动两下，模仿耙地的动作。

（二）左手横伸，掌心向下；右手直立，掌心向左，指尖抵于左手掌心。

（三）双手直立，掌心向外，然后边向前做弧形移动边翻转为掌心向内。

（四）双手拇、食指成大圆形，虎口朝上，在不同位置连续向上移动两下。

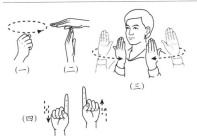

退牧还草　tuìmù huáncǎo

（一）一手握拳上举，做扬鞭的动作。

（二）左手横伸，掌心向下；右手直立，掌心向左，指尖抵于左手掌心。

（三）双手直立，掌心向外，然后边向前做弧形移动边翻转为掌心向内。

（四）双手食指直立，手背向内，上下交替动几下。

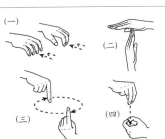
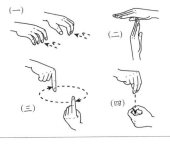

休耕轮作　xiūgēng lúnzuò

（一）双手五指弯曲，掌心向下，一前一后，向后移动两下，模仿耙地的动作。

（二）左手横伸，掌心向下；右手直立，掌心向左，指尖抵于左手掌心。

（三）双手伸食指，指尖上下相对，交替平行转动两圈。

（四）左手拇、食指捏成圆形，虎口朝上；右手拇、食、中指相捏，指尖朝下，插入左手虎口内。

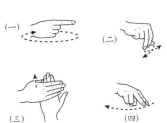

国土绿化　guótǔ lǜhuà

（一）一手打手指字母"G"的指式，顺时针平行转动一圈。

（二）一手拇、食、中指相捏，指尖朝下，互捻几下。

（三）左手食、中、无名、小指并拢，指尖朝右上方，手背向外；右手五指向上捋一下左手四指。

（四）一手打手指字母"H"的指式，指尖朝前斜下方，平行划动一下。

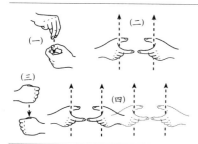

植树造林　zhíshù zàolín

（一）左手拇、食指捏成圆形，虎口朝上；右手拇、食、中指相捏，指尖朝下，插入左手虎口内。

（二）双手拇、食指成大圆形，虎口朝上，同时向上移动。

（三）双手握拳，一上一下，右拳向下砸一下左拳。

（四）双手拇、食指成大圆形，虎口朝上，在不同位置向上移动两下。

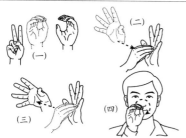

固碳释氧　gùtàn shìyǎng

（一）左手打手指字母"C"的指式；右手先打手指字母"O"的指式，再在右下方打数字"2"的手势，表示二氧化碳的化学分子式。

（二）左手直立，掌心向右，五指张开；右手五指张开，掌心向外，边从斜上方移向左手掌心边撮合。

（三）左手直立，掌心向右，五指张开；右手五指撮合，指尖朝左，抵于左手掌心，边从左手掌心向斜上方移动边张开。

（四）一手打手指字母"O"的指式，置于鼻前，转动一小圈，表示氧的元素符号"O"。

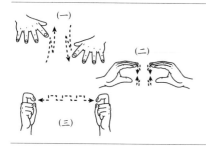

海绵城市①　hǎimián chéngshì①

（一）双手平伸，掌心向下，五指张开，上下交替移动，表示起伏的波浪。

（二）双手五指成"⊏⊐"形，指尖相对，虎口朝内，捏动几下。

（三）双手食指直立，指面相对，从中间向两侧弯动，仿城墙"⊓⊔⊓"形。

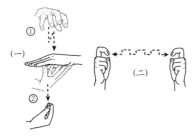

海绵城市②　hǎimián chéngshì②

（一）左手横伸，手背向上；右手五指微曲，指尖朝下，在左手上方向下动几下，表示下雨，再五指张开，指尖朝上，边在左手掌心下向下移动边撮合，表示将雨水吸收。

（二）双手食指直立，指面相对，从中间向两侧弯动，仿城墙"⊓⊔⊓"形。

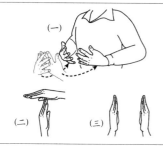

休渔期（禁渔期①）　xiūyúqī（jìnyúqī①）

（一）双手五指张开，手背向外，交叉相搭，然后边分开边向后做弧形移动，表示捕鱼。

（二）左手横伸，掌心向下；右手直立，掌心向左，指尖抵于左手掌心。

（三）双手直立，掌心左右相对。

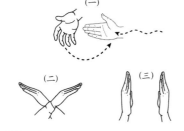

禁渔期②　jìnyúqī②

（一）一手侧立，向前做曲线形移动，然后五指微曲，向下做弧形移动，模仿捞东西的动作，表示张网捕鱼。

（二）双手五指并拢，手腕交叉相搭成"×"形，仿"禁止"标志。

（三）双手直立，掌心左右相对。

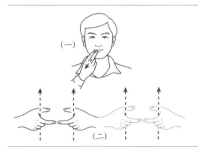

红树林 *hóngshùlín*

（一）一手打手指字母"H"的指式，摸一下嘴唇。

（二）双手拇、食指成大圆形，虎口朝上，在不同位置向上移动两下。

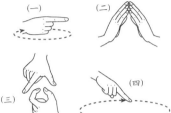

国家公园 *guójiā gōngyuán*

（一）一手打手指字母"G"的指式，顺时针平行转动一圈。

（二）双手搭成"∧"形。

（三）双手拇、食指搭成"公"字形，虎口朝外。

（四）一手伸食指，指尖朝下划一大圈。

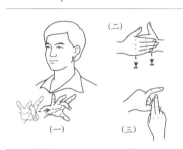

自然保护区 *zìrán bǎohùqū*

（一）右手拇、中指相捏，边碰向左胸部边张开。

（二）左手伸拇指；右手横立，掌心向内，五指微曲，置于左手前，然后双手同时向下一顿。

（三）左手拇、食指成"匚"形，虎口朝内；右手食、中指相叠，手背向内，置于左手"匚"形中，仿"区"字形。

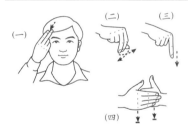

黑土地保护 *hēitǔdì bǎohù*

（一）一手打手指字母"H"的指式，摸一下头发。

（二）一手拇、食、中指相捏，指尖朝下，互捻几下。

（三）一手伸食指，指尖朝下一指。

（四）左手伸拇指；右手横立，掌心向内，五指微曲，置于左手前，然后双手同时向下一顿。

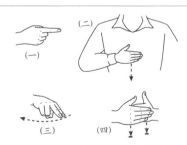

一体化保护 *yītǐhuà bǎohù*

（一）一手食指横伸，手背向外。

（二）一手掌心贴于胸部，向下移动一下。

（三）一手打手指字母"H"的指式，指尖朝前斜下方，平行划动一下。

（四）左手伸拇指；右手横立，掌心向内，五指微曲，置于左手前，然后双手同时向下一顿。

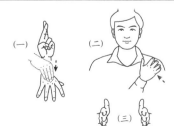

系统治理 *xìtǒng zhìlǐ*

（一）左手打手指字母"X"的指式，在上不动；右手五指撮合，指尖朝下，边从左手腕向下移动边张开，表示系统。

（二）右手五指微曲，指尖朝内，按向左肩。

（三）双手侧立，掌心相对，向一侧一顿一顿移动几下。

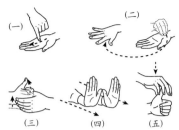

污染源头防控　wūrǎn yuántóu fángkòng

（一）左手平伸；右手伸小指，指尖朝下，在左手掌心上向前划动一下。

（二）左手平伸，掌心向上；右手五指撮合，置于左手腕的脉门处，然后边向外做弧形移动边张开。

（三）左手五指成半圆形，虎口朝上；右手拇、食指相捏，置于左手虎口内，然后边向上移动边弹出拇指。

（四）双手直立，掌心向外一推。

（五）左手伸拇指；右手五指微曲，掌心向下，罩向左手拇指。

水污染　shuǐwūrǎn

（一）一手横伸，掌心向下，五指张开，边交替点动边向一侧移动。

（二）左手平伸；右手伸小指，指尖朝下，在左手掌心上向前划动一下。

（三）左手平伸，掌心向上；右手五指撮合，置于左手腕的脉门处，然后边向外做弧形移动边张开。

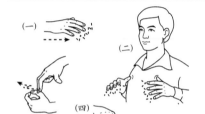

水体富营养化　shuǐtǐ fùyíngyǎnghuà

（一）一手横伸，掌心向下，五指张开，边交替点动边向一侧移动。

（二）双手五指张开，掌心向下，拇指尖抵于胸部，其他四指交替点动几下。

（三）左手拇、食指捏成圆形，虎口朝上；右手伸拇、食、中指，食、中指并拢弯曲，指尖朝下，在左手虎口处向外拨动两下。

（四）一手打手指字母"H"的指式，指尖朝前斜下方，平行划动一下。

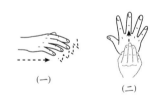

水华　shuǐhuá

（一）一手横伸，掌心向下，五指张开，边交替点动边向一侧移动。

（二）一手五指撮合，指尖朝上，边向上微移边张开。

赤潮　chìcháo

（一）一手打手指字母"H"的指式，摸一下嘴唇。

（二）左手斜伸，手背向右上方；右手横伸，掌心向下，五指张开，边交替点动边移向左手。

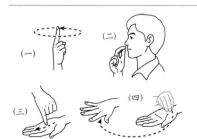

空气污染（大气污染）　kōngqì wūrǎn（dàqì wūrǎn）

（一）一手食指直立，在头一侧上方转动一圈。

（二）一手打手指字母"Q"的指式，指尖朝内，置于鼻孔处。

（三）左手平伸；右手伸小指，指尖朝下，在左手掌心上向前划动一下。

（四）左手平伸，掌心向上；右手五指撮合，置于左手腕的脉门处，然后边向外做弧形移动边张开。

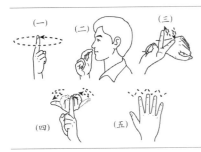

空气质量指数　kōngqì zhìliàng zhǐshù

（一）一手食指直立，在头一侧上方转动一圈。

（二）一手打手指字母"Q"的指式，指尖朝内，置于鼻孔处。

（三）左手握拳；右手食、中指横伸，指背交替弹左手背。

（四）左手食指直立；右手伸拇、小指，指尖朝上，在左手食指后交替弯动两下。

（五）一手直立，掌心向内，五指张开，交替点动几下。

可吸入颗粒物　kěxīrù kēlìwù

（一）一手直立，掌心向外，然后食、中、无名、小指弯动一下。

（二）一手五指张开，掌心向下，边向嘴部移动边撮合，口先张开再闭拢，如吸气状。

（三）双手拇、小指相捏，指尖左右相对，在面前前后交替转动几下。

（四）双手食指指尖朝前，手背向上，先互碰一下，再分开并张开五指。

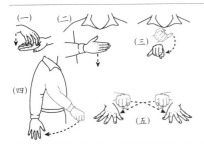

固体废弃物　gùtǐ fèiqìwù

（一）左手横伸；右手五指弯曲，指尖朝下，抵于左手掌心，向下一按。

（二）一手掌心贴于胸部，向下移动一下。

（三）右手伸小指，指尖朝左，向外甩动一下。

（四）一手虚握，向身后一甩，五指张开。

（五）双手食指指尖朝前，手背向上，先互碰一下，再分开并张开五指。

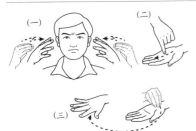

噪音污染（噪声污染）　zàoyīn wūrǎn（zàoshēng wūrǎn）

（一）双手五指撮合，指尖对着耳部开合几下，面露烦躁的表情。

（二）左手平伸；右手伸小指，指尖朝下，在左手掌心上向前划动一下。

（三）左手平伸，掌心向上；右手五指撮合，置于左手腕的脉门处，然后边向外做弧形移动边张开。

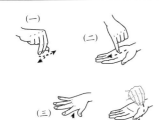

土壤污染　tǔrǎng wūrǎn

（一）一手拇、食、中指相捏，指尖朝下，互捻几下。

（二）左手平伸；右手伸小指，指尖朝下，在左手掌心上向前划动一下。

（三）左手平伸，掌心向上；右手五指撮合，置于左手腕的脉门处，然后边向外做弧形移动边张开。

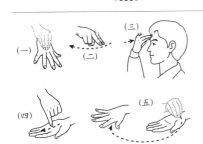

光化学污染　guānghuàxué wūrǎn

（一）一手五指撮合，指尖朝下，然后张开。

（二）一手打手指字母"H"的指式，指尖朝前斜下方，平行划动一下。

（三）一手五指撮合，指尖朝内，按向前额。

（四）左手平伸；右手伸小指，指尖朝下，在左手掌心上向前划动一下。

（五）左手平伸，掌心向上；右手五指撮合，置于左手腕的脉门处，然后边向外做弧形移动边张开。

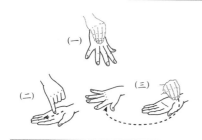

光污染　guāngwūrǎn

（一）一手五指撮合，指尖朝下，然后张开。

（二）左手平伸；右手伸小指，指尖朝下，在左手掌心上向前划动一下。

（三）左手平伸，掌心向上；右手五指撮合，置于左手腕的脉门处，然后边向外做弧形移动边张开。

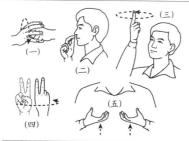

全球气候变暖　quánqiú qìhòu biànnuǎn

（一）左手握拳，手背向上，虎口朝内；右手五指微曲张开，从后向前绕左拳转动半圈。

（二）一手打手指字母"Q"的指式，指尖朝内，置于鼻孔处。

（三）一手食指直立，在头一侧上方转动一圈。

（四）一手食、中指直立分开，由掌心向外翻转为掌心向内。

（五）双手横伸，掌心向上，五指微曲，从腹部缓慢上移。

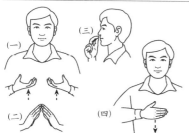

温室气体　wēnshì qìtǐ

（一）双手横伸，掌心向上，五指微曲，从腹部缓慢上移。

（二）双手搭成"∧"形。

（三）一手打手指字母"Q"的指式，指尖朝内，置于鼻孔处。

（四）一手掌心贴于胸部，向下移动一下。

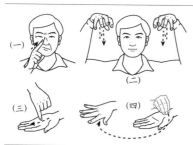

酸雨污染　suānyǔ wūrǎn

（一）一手食指直立，在鼻翼一侧向上移动一下，同时耸鼻。

（二）双手五指微曲，指尖朝下，在头前快速向下动几下，表示雨点落下。

（三）左手平伸；右手伸小指，指尖朝下，在左手掌心上向前划动一下。

（四）左手平伸，掌心向上；右手五指撮合，置于左手腕的脉门处，然后边向外做弧形移动边张开。

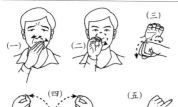

臭氧层破坏①　chòuyǎngcéng pòhuài ①

（一）一手在鼻前左右扇动几下，面露厌恶的表情。

（二）一手打手指字母"O"的指式，置于鼻前，转动一小圈，表示氧的元素符号"O"。

（三）左手握拳，手背向上，虎口朝内；右手五指成"⊐"形，指尖朝前，在左手背上从左向右绕左手转动半圈。

（四）双手拇、食指相捏，虎口朝上，然后向上掰动一下。

（五）一手伸小指，指尖朝前上方。

臭氧层破坏②　chòuyǎngcéng pòhuài ②

（一）一手在鼻前左右扇动几下，面露厌恶的表情。

（二）一手打手指字母"O"的指式，置于鼻前，转动一小圈，表示氧的元素符号"O"。

（三）一手（或双手）五指成"⊐"形，虎口朝内，在头前上方平行转动两下。

（四）双手拇、食指相捏，虎口朝上，然后向上掰动一下。

（五）一手伸小指，指尖朝前上方。

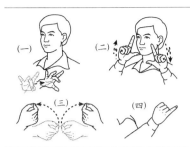

生态破坏　shēngtài pòhuài

（一）右手拇、中指相捏，边碰向左胸部边张开。

（二）双手拇、食指成"⌐"形，置于脸颊两侧，上下交替动两下。

（三）双手拇、食指相捏，虎口朝上，然后向上掰动一下。

（四）一手伸小指，指尖朝前上方。

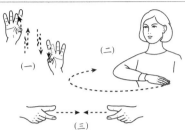

湿地萎缩　shīdì wěisuō

（一）双手拇、中指相捏，手背向内，边上下交替移动边连续做开合的动作。

（二）一手横伸，掌心向下，五指并拢，齐胸部从一侧向另一侧做大范围的弧形移动。

（三）双手拇、食指成大圆形，虎口朝上，从两侧向中间移动。

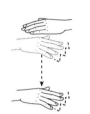

地下水位下降　dìxià shuǐwèi xiàjiàng

双手横伸，掌心向下，左手在上不动，右手在下，五指张开，边交替点动边向下移动。

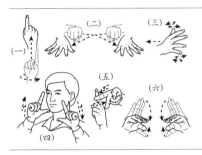

生物多样性减少　shēngwù duōyàngxìng jiǎnshǎo

（一）一手食指直立，边转动手腕边向上移动。

（二）双手食指指尖朝前，手背向上，先互碰一下，再分开并张开五指。

（三）一手侧立，五指张开，边抖动边向一侧移动。

（四）双手拇、食指成"⌐"形，置于脸颊两侧，上下交替动两下。

（五）左手食指直立；右手食、中指横伸，指背交替弹左手食指背。

（六）双手直立，掌心向斜前方，拇指张开，其他四指向下弯动。

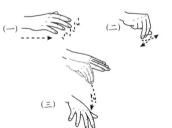

水土流失　shuǐtǔ liúshī

（一）一手横伸，掌心向下，五指张开，边交替点动边向一侧移动。

（二）一手拇、食、中指相捏，指尖朝下，互捻几下。

（三）左手斜伸，手背向前上方，指尖朝前下方；右手五指撮合，指尖朝下，边在左手旁向下移动边张开，重复一次。

土地荒漠化　tǔdì huāngmòhuà

（一）一手拇、食、中指相捏，指尖朝下，互捻几下。

（二）一手伸食指，指尖朝下一指。

（三）双手平伸，手背向下，拇、中指先相捏，再弹开。

（四）一手打手指字母"H"的指式，指尖朝前斜下方，平行划动一下。

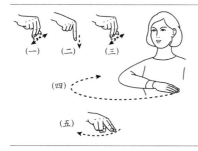

土地沙漠化　tǔdì shāmòhuà

（一）一手拇、食、中指相捏，指尖朝下，互捻几下。

（二）一手伸食指，指尖朝下一指。

（三）一手拇、食、中指相捏，指尖朝下，互捻几下。

（四）一手横伸，掌心向下，五指并拢，齐胸部从一侧向另一侧做大范围的弧形移动。

（五）一手打手指字母"H"的指式，指尖朝前斜下方，平行划动一下。

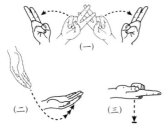

过度开垦　guòdù kāikěn

（一）双手食、中指分开，掌心向外，交叉搭成"开"字形，置于身前，然后向两侧打开，掌心向斜上方。

（二）一手斜伸，五指并拢，指尖朝下，连续做挖掘的动作。

（三）一手食指横伸，拇指尖按于食指根部，手背向下，向下一顿。

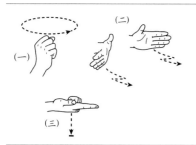

过度放牧　guòdù fàngmù

（一）一手握拳上举，做扬鞭的动作。

（二）双手斜立，掌心向外，向前移动两下，如赶牲畜状。

（三）一手食指横伸，拇指尖按于食指根部，手背向下，向下一顿。

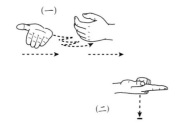

过度樵采　guòdù qiáocǎi

（一）左手五指弯曲，虎口朝上；右手斜伸，边连续向左手下方挥动边双手同时向一侧移动，表示不断砍伐树木。

（二）一手食指横伸，拇指尖按于食指根部，手背向下，向下一顿。

（可根据实际表示砍伐树木的动作）

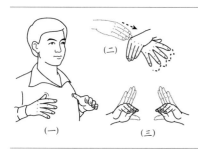

资源枯竭　zīyuán kūjié

（一）双手五指张开，掌心向下，拇指尖抵于胸部。

（二）左手横伸，手背拱起；右手平伸，掌心向下，移入左手下，五指交替点动。

（三）双手直立，掌心向斜前方，拇指张开，其他四指弯动与拇指捏合。

三、中国地理

1. 行政区划

中国 Zhōngguó
　　一手伸食指，自咽喉部顺肩胸部划至右腰部，以民族服装"旗袍"的前襟线表示中国。

省 shěng
　　一手打手指字母"SH"的指式，顺时针平行转动一圈。

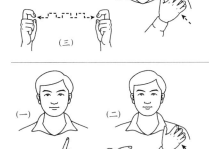

直辖市 zhíxiáshì
　　（一）右手直立，掌心向左，向上移动，表示对上直属中央。
　　（二）右手五指微曲，指尖朝内，按向左肩。
　　（三）双手食指直立，指面相对，从中间向两侧弯动，仿城墙"⼏⼏⼏"形。

自治区 zìzhìqū
　　（一）右手食指直立，虎口朝内，贴向左胸部。
　　（二）右手五指微曲，指尖朝内，按向左肩。
　　（三）左手拇、食指成"⼕"形，虎口朝内；右手食、中指相叠，手背向内，置于左手"⼕"形中，仿"区"字形。

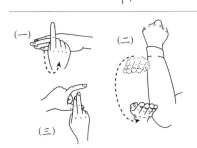

特别行政区 tèbié xíngzhèngqū
　　（一）左手横伸，手背向上；右手伸食指，从左手小指外侧向上伸出。
　　（二）左手握拳屈肘，手背向外；右手五指并拢，手背向上，贴于左小臂，然后向下做弧形移动，翻转为掌心向上。
　　（三）左手拇、食指成"⼕"形，虎口朝内；右手食、中指相叠，手背向内，置于左手"⼕"形中，仿"区"字形。

市①　shì ①

一手拇、食指成圆形，指尖稍分开，虎口朝上，向下一顿，表示地级市或县级市。

州　zhōu

左手中、无名、小指分开，指尖朝下，手背向外；右手食指横伸，置于左手三指间，仿"州"字形。

盟　méng

双手一横一竖，相互握住，顺时针平行转动一圈。

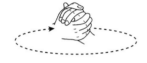

区　qū

左手拇、食指成"匚"形，虎口朝内；右手食、中指相叠，手背向内，置于左手"匚"形中，仿"区"字形。

县　xiàn

一手打手指字母"X"的指式，顺时针平行转动一圈。

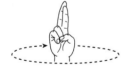

旗　qí

左手食指直立；右手侧立，手腕抵于左手食指尖，左右摆动几下，如旗帜飘扬状。

街道（道路） jiēdào (dàolù)

双手侧立，掌心相对，向前移动。

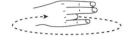

镇 zhèn

一手打手指字母"ZH"的指式，顺时针平行转动一圈。

乡 xiāng

左手中、无名、小指横伸分开，掌心向内；右手伸食指，指尖朝前，在左手小指旁书空"ノ"，仿"乡"字形，表示乡一级行政区划、政府机关名称。

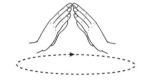

村 cūn

双手搭成"∧"形，顺时针平行转动一圈。

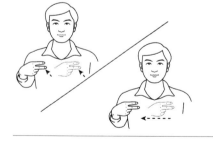

北京（京） Běijīng (Jīng)

右手伸食、中指，指尖先点一下左胸部，再点一下右胸部（表示北京的简称"京"时，右手伸食、中指，指尖抵于左胸部，然后划至右胸部）。

天津（津） Tiānjīn (Jīn)

右手食、中指直立稍分开，掌心向左，在头一侧向前微动两下。

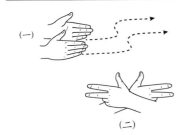

河北①　Héběi ①

（一）双手侧立，掌心相对，相距窄些，向前做曲线形移动。

（二）双手伸拇、食、中指，手背向外，手腕交叉相搭，仿"北"字形。

冀（河北②）　Jì（Héběi ②）

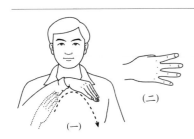

双手伸拇、食、中指，手背向外，手腕交叉相搭，仿"北"字形，左手不动，右手腕碰两下左手腕。

山西（晋）　Shānxī（Jìn）

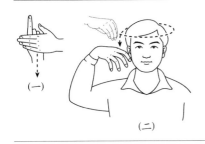

（一）一手斜伸，指尖朝斜上方，先向上再向下做起伏状移动。

（二）一手食、中、无名、小指横伸分开，手背向外。"四"与"西"形近，借代。

内蒙古　Nèiměnggǔ

（一）左手横立；右手食指直立，在左手掌心内从上向下移动。

（二）右手五指撮合，指尖朝下，沿头顶转动一圈，然后在头右侧张开，仿蒙古族头饰。

辽宁（辽）　Liáoníng（Liáo）

双手伸拇、食指，左手食指横伸，右手食指垂直于左手食指，然后向下移动两下，仿"辽"字形。

吉林（吉）　Jílín（Jí）

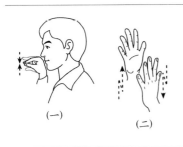

（一）一手手背贴于嘴部，拇、食指先张开再相捏，仿鸡的嘴。"鸡"与"吉"音近，借代。

（二）双手直立，掌心左右相对，五指张开，上下交替移动两下。

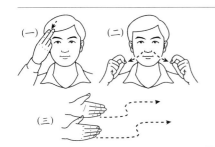

黑龙江（黑）　Hēilóngjiāng（Hēi）

（一）一手打手指字母"H"的指式，摸一下头发。

（二）双手拇、食指相捏，从鼻下向两侧斜前方拉出，表示龙的两条长须。

（三）双手侧立，掌心相对，相距宽些，向前做曲线形移动。

上海（沪）　Shànghǎi（Hù）

双手伸小指，一上一下相互勾住。

江苏（苏）　Jiāngsū（Sū）

（一）双手食、中指搭成"江"字形，右手中指微动几下。

（二）一手五指捏成球形，手背向下，左右微晃几下。

浙江（浙）　Zhèjiāng（Zhè）

右手小指微曲，指尖朝前，手腕向左转动一下，表示杭州湾。

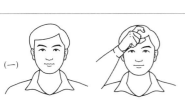

安徽（皖）　Ānhuī（Wǎn）

（一）一手横伸，掌心向下，自胸部向下一按。

（二）一手拇、食指成半圆形，虎口朝内，贴于前额。

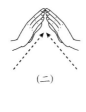

福建①　Fújiàn①

（一）一手五指张开，掌心贴胸部逆时针转动一圈。

（二）双手斜伸，手背向斜上方，边从两侧下方向中间上方移动边指尖搭成"∧"形。

闽（福建②）　Mǐn（Fújiàn ②）

双手伸拇、食、中指，手背向上，拇指尖碰两下胸部。

江西（赣）　Jiāngxī（Gàn）

左手握拳，虎口朝上；右手横伸，掌心向下，五指张开，置于左手前，边交替点动边向左移动两下。

山东①　Shāndōng ①

（一）一手拇、食、小指直立，手背向外，仿"山"字形。

（二）一手打手指字母"D"的指式。

（一）　　　（二）

鲁（山东②）　Lǔ（Shāndōng ②）

一手拇、食指相捏，手背向外，边向鼻部移动边伸出拇、食、小指。

（一）

（二）

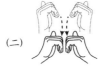

河南①　Hénán ①

（一）双手侧立，掌心相对，相距窄些，向前做曲线形移动。

（二）双手五指弯曲，食、中、无名、小指指尖朝下，手腕向下转动一下。

豫（河南②）　Yù（Hénán ②）

右手握拳屈肘，肘部向身体夹动两下。

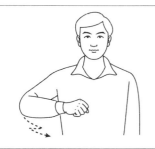

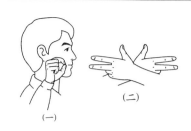

湖北（鄂）　Húběi (È)

（一）一手拇、食指捏成圆形，虎口贴于脸颊。

（二）双手伸拇、食、中指，手背向外，手腕交叉相搭，仿"北"字形。

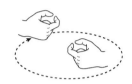

湖南（湘）　Húnán (Xiāng)

双手拇、食指成圆形，指尖稍分开，虎口朝上，右手绕左手转动一圈。

广东（粤）　Guǎngdōng (Yuè)

一手食指尖抵于前额，拇、中指相捏，然后弹动两下。

广西（桂）　Guǎngxī (Guì)

双手虚握，虎口左右相对，置于头两侧，前后交替拧动两下。

海南（琼）　Hǎinán (Qióng)

左手拇、食指成半圆形，虎口朝上；右手伸拇、食、中指，拇指在下，食、中指在上，在左手边捏动两下，表示海南岛与祖国相连。

重庆（渝）　Chóngqìng (Yú)

双手横伸，手背拱起，左手在下不动，右手掌向下拍两下左手背。

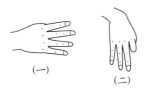

四川（川）　　Sìchuān (Chuān)

（一）一手食、中、无名、小指横伸分开，手背向外。

（二）一手中、无名、小指分开，指尖朝下，手背向外，仿"川"字形。

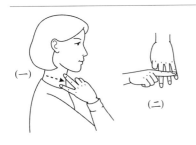

贵州（贵）　　Guìzhōu (Guì)

（一）一手食、中指分开，指尖朝后，在颈部一侧向前移动一下。

（二）左手中、无名、小指分开，指尖朝下，手背向外；右手食指横伸，置于左手三指间，仿"州"字形。

云南（云）　　Yúnnán (Yún)

（一）一手五指成"冖"形，虎口朝内，在头前上方平行转动两下。

（二）右手五指并拢，指尖朝下，掌心向左，置于身前正中。

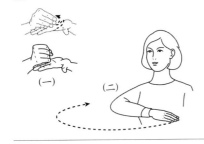

西藏（藏）　　Xīzàng (Zàng)

（一）左手横伸；右手在左手掌心上模仿做糌粑的动作。

（二）一手横伸，掌心向下，五指并拢，齐胸部从一侧向另一侧做大范围的弧形移动。

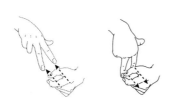

陕西（陕）　　Shǎnxī (Shǎn)

左手拇、食指成圆形，指尖稍分开，虎口朝上；右手伸拇、食、中指，指尖朝下，食、中指指面和指背分别在左手圆形上前后划动一下。

甘肃（甘）　　Gānsù (Gān)

一手食指直立，手指外侧贴于嘴部，并向前上方移动两下。

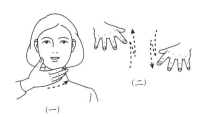

青海（青）　Qīnghǎi（Qīng）

（一）一手横立，掌心向内，食、中、无名、小指并拢，在颏部从右向左摸一下。

（二）双手平伸，掌心向下，五指张开，上下交替移动，表示起伏的波浪。

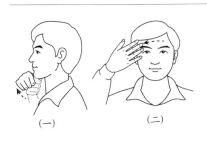

宁夏（宁）　Níngxià（Níng）

（一）一手虚握，虎口贴于颏部，再向上一翘。

（二）一手五指张开，手背向外，在额头上一抹，如流汗状。

新疆（新）　Xīnjiāng（Xīn）

双手上举，一上一下，置于身体一侧，拇、中指互捻（或相捏），手腕转动，模仿跳新疆舞的动作。

香港（港）　Xiānggǎng（Gǎng）

一手五指撮合，指尖对着鼻部，然后开合两下。

澳门（澳）　Àomén（Ào）

一手五指张开，食指尖抵于脸颊，并钻动两下。

台湾（台）　Táiwān（Tái）

一手握拳，手背向上，置于嘴前，然后手腕前后转动两下。

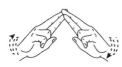

石家庄   Shíjiāzhuāng

双手食、中指相叠，指尖斜向相抵，同时前后反向扭动两下。

太原   Tàiyuán

一手拇、食指成圆形，指尖稍分开，虎口朝上，向下甩动两下。

呼和浩特   Hūhéhàotè

（一）一手五指成"⌐"形，虎口贴于嘴边，口张开。

（二）左手横伸；右手拇、食指成圆形，指尖稍分开，虎口朝上，移至左手掌心。

（一）（二）

沈阳   Shěnyáng

一手食指弯曲，朝头一侧碰两下。

长春   Chángchūn

（一）双手食指直立，指面左右相对，从中间向两侧拉开。

（二）左手握拳，手背向上；右手食指点一下左手食指根部关节。

（一）

（二）

哈尔滨   Hā'ěrbīn

（一）一手拇、食指弯曲，指尖朝内，抵于颏部。

（二）左手横伸；右手拇、食指成圆形，指尖稍分开，虎口朝上，移至左手掌心。

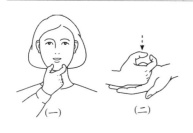

（一）（二）

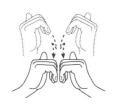

南京　Nánjīng

　　双手五指弯曲，食、中、无名、小指指尖朝下，手腕向下转动两下。

杭州　Hángzhōu

　　一手五指微曲，掌心贴两下太阳穴。

合肥　Héféi

　　左手横伸；右手五指成"コ"形，指尖朝前，在左手背上左右移动两下。

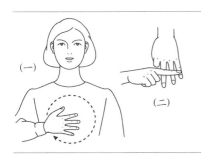

福州　Fúzhōu

　　（一）一手五指张开，掌心贴胸部逆时针转动一圈。
　　（二）左手中、无名、小指分开，指尖朝下，手背向外；右手食指横伸，置于左手三指间，仿"州"字形。

南昌　Nánchāng

　　左手握拳，手背向外；右手伸食指，在左手背上点两下。

济南　Jǐnán

　　一手拇、食、中指相捏，在鼻翼一侧向下微移两下。

郑州 Zhèngzhōu

左手食指横伸，手背向外；右手五指弯曲，套入左手食指尖，然后前后转动两下，表示郑州是交通枢纽。

武汉 Wǔhàn

左手横伸；右手伸拇、食、小指，手背向上，向左手掌心上碰两下，表示武汉三镇。

长沙 Chángshā

一手拇、食、中指相捏，指尖朝上，边向上微移边分开，重复一次。

广州 Guǎngzhōu

双手平伸，掌心向上，向腰部两侧碰两下。

南宁 Nánníng

一手五指微曲，指尖朝上，手腕向前转动两下。

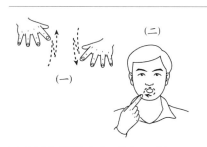

海口 Hǎikǒu

（一）双手平伸，掌心向下，五指张开，上下交替移动，表示起伏的波浪。

（二）一手伸食指，沿嘴部转动一圈，口张开。

成都　Chéngdū
　　一手食、中指弯曲，置于太阳穴旁，手腕左右转动两下。

贵阳　Guìyáng
　　一手食、中指分开，指尖朝后，在颈部一侧向前移动
两下。

昆明　Kūnmíng
　　一手五指张开，指尖朝下，在身体一侧顺时针转动两圈。

拉萨　Lāsà
　　（一）左手横伸；右手在左手掌心上模仿做糌粑的动作。
　　（二）双手合十。

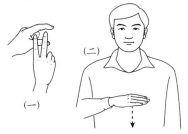

西安　Xī'ān
　　（一）左手拇、食指成"匸"形，虎口朝内；右手食、中
指直立分开，手背向内，贴于左手拇指，仿"西"字部分
字形。
　　（二）一手横伸，掌心向下，自胸部向下一按。

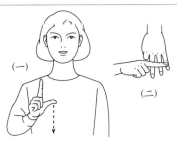

兰州　Lánzhōu
　　（一）一手打手指字母"L"的指式，沿胸的一侧划下。
　　（二）左手中、无名、小指分开，指尖朝下，手背向外；
右手食指横伸，置于左手三指间，仿"州"字形。

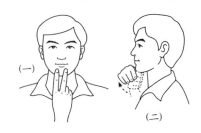

西宁 Xīníng

（一）一手食、中指直立分开，掌心向内，贴于颏部。

（二）一手虚握，虎口贴于颏部，再向上一翘。

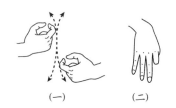

银川 Yínchuān

（一）双手拇、食指成圆形，指尖稍分开，虎口朝上，食指上下交替互碰两下。

（二）一手中、无名、小指分开，指尖朝下，手背向外，仿"川"字形。

乌鲁木齐 Wūlǔmùqí

一手食、中指相叠，指尖抵于鼻翼一侧，然后微转两下。

台北 Táiběi

双手伸拇、食指，食指尖朝上，手背向外，双手小指外侧相贴。

深圳 Shēnzhèn

左手横伸，掌心向下；右手伸食指，指尖朝下，在左手食、中指指缝间插两下。

珠海 Zhūhǎi

（一）双手拇、食指捏成圆形，虎口朝上，随意晃动几下。

（二）双手平伸，掌心向下，五指张开，上下交替移动，表示起伏的波浪。

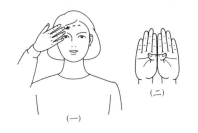

厦门 Xiàmén

（一）一手五指张开，手背向外，在额头上一抹，如流汗状。"夏"与"厦"音同形近，借代。

（二）双手并排直立，掌心向外，食、中、无名、小指并拢，拇指弯回。

大连 Dàlián

（一）双手侧立，掌心相对，同时向两侧移动，幅度要大些。

（二）双手拇、食指套环。

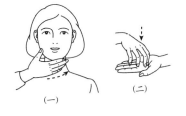

青岛 Qīngdǎo

（一）一手横立，掌心向内，食、中、无名、小指并拢，在颊部从右向左摸一下。

（二）左手横伸；右手五指弯曲，指尖朝下，移向左手掌心。

宁波 Níngbō

左手横立；右手拇、食指相捏，虎口朝内，贴于左手背，然后开合两下。

漠河 Mòhé

（一）双手拇、食指张开，虎口朝内，分别置于脸颊两侧，然后边向两侧上方做弧形移动边相捏。

（二）双手侧立，掌心相对，相距窄些，向前做曲线形移动。

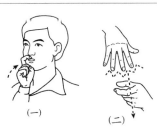

酒泉 Jiǔquán

（一）一手打手指字母"J"的指式，移向嘴部，如喝酒状。

（二）左手拇、食指弯曲，虎口朝上；右手五指张开，指尖朝下，边交替点动边向左手前下方移动。

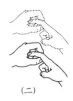

西昌   Xīchāng

（一）一手食、中、无名、小指横伸分开，手背向外。"四"与"西"形近，借代。

（二）左手拇、食指与右手食指搭成"曰"字形，虎口朝内，然后向下移动一下，仿"昌"字形。

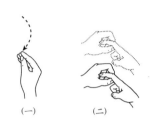

文昌   Wénchāng

（一）一手五指撮合，指尖朝前，撇动一下，如执毛笔写字状。

（二）左手拇、食指与右手食指搭成"曰"字形，虎口朝内，然后向下移动一下，仿"昌"字形。

新界   Xīnjiè

左手横伸；右手平伸，手背向上，从左手掌心上向右移动。

（此为香港聋人手语）

九龙   Jiǔlóng

右手食指弯曲，中节指指背向上，虎口朝内，向左下方移动两下。

金门   Jīnmén

（一）左手握拳，手背向上；右手拇、食指相捏，指尖朝下，置于左手无名指根部，表示金戒指，引申为金。

（二）双手并排直立，掌心向外，食、中、无名、小指并拢，拇指弯回。

马祖   Mǎzǔ

（一）双手握拳，左手在下，右手在上，同时向后移动几下，模仿手握缰绳骑马的动作。

（二）一手伸拇、食指，食指弯曲，指尖抵于脸颊，然后边向上做曲线形移动边缩回食指。

2. 自然地理

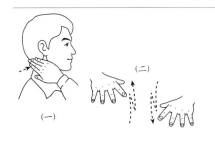

渤海　*Bó Hǎi*

（一）一手手掌拍一下脖颈儿。"脖"与"渤"音同，同时寓意渤海处于中国雄鸡状版图的"鸡脖"位置。

（二）双手平伸，掌心向下，五指张开，上下交替移动，表示起伏的波浪。

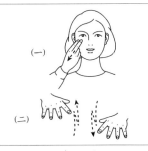

黄海　*Huáng Hǎi*

（一）一手打手指字母"H"的指式，摸一下脸颊。

（二）双手平伸，掌心向下，五指张开，上下交替移动，表示起伏的波浪。

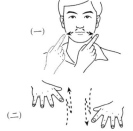

东海　*Dōng Hǎi*

（一）一手伸食指，在嘴两侧书写"八"，仿"东"字部分字形。

（二）双手平伸，掌心向下，五指张开，上下交替移动，表示起伏的波浪。

南海　*Nán Hǎi*

（一）双手五指弯曲，食、中、无名、小指指尖朝下，手腕向下转动一下。

（二）双手平伸，掌心向下，五指张开，上下交替移动，表示起伏的波浪。

东沙群岛　*Dōngshā Qúndǎo*

（一）一手伸食指，在嘴两侧书写"八"，仿"东"字部分字形。

（二）一手拇、食、中指相捏，指尖朝下，互捻几下。

（三）左手横伸握拳，手背向上；右手拇、食指捏成圆形，虎口朝上，在左手周围不同位置点动几下，表示有许多岛。

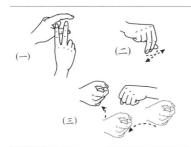

西沙群岛　Xīshā Qúndǎo

（一）左手拇、食指成"匚"形，虎口朝内；右手食、中指直立分开，手背向内，贴于左手拇指，仿"西"字部分字形。

（二）一手拇、食、中指相捏，指尖朝下，互捻几下。

（三）左手横伸握拳，手背向上；右手拇、食指捏成圆形，虎口朝上，在左手周围不同位置点动几下，表示有许多岛。

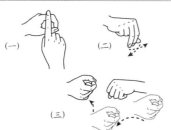

中沙群岛　Zhōngshā Qúndǎo

（一）左手拇、食指与右手食指搭成"中"字形。

（二）一手拇、食、中指相捏，指尖朝下，互捻几下。

（三）左手横伸握拳，手背向上；右手拇、食指捏成圆形，虎口朝上，在左手周围不同位置点动几下，表示有许多岛。

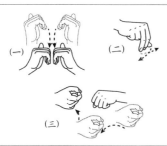

南沙群岛　Nánshā Qúndǎo

（一）双手五指弯曲，食、中、无名、小指指尖朝下，手腕向下转动一下。

（二）一手拇、食、中指相捏，指尖朝下，互捻几下。

（三）左手横伸握拳，手背向上；右手拇、食指捏成圆形，虎口朝上，在左手周围不同位置点动几下，表示有许多岛。

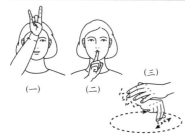

曾母暗沙　Zēngmǔ Ànshā

（一）一手打手指字母"Z"的指式，食、小指指尖朝上，掌心向外，置于前额，仿"曾"字上半部的"丷"笔画。

（二）右手食指直立，指尖左侧贴在嘴唇上。

（三）左手横伸，掌心向下，五指张开，交替点动几下；右手拇、食、中指相捏，指尖朝下，在左手下边互捻边转动。

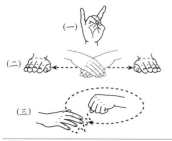

太平岛　Tàipíng Dǎo

（一）一手打手指字母"T"的指式。

（二）双手五指并拢，掌心向下，交叉相搭，然后分别向两侧移动。

（三）左手横伸握拳，手背向上；右手横伸，掌心向下，五指张开，边交替点动边绕左手转动。

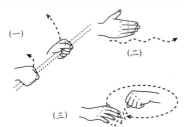

钓鱼岛　Diàoyú Dǎo

（一）双手如握鱼竿状，左手在前，右手在后，同时向上一挑。

（二）一手横立，手背向外，向一侧做曲线形移动（或一手侧立，向前做曲线形移动），如鱼游动状。

（三）左手横伸握拳，手背向上；右手横伸，掌心向下，五指张开，边交替点动边绕左手转动。

澎湖列岛　Pénghú Lièdǎo

（一）一手横立，掌心向内，在面前上下移动两下（此为台湾聋人手语）。

（二）左手横伸握拳，手背向上；右手拇、食指捏成圆形，虎口朝上，在左手周围不同位置点动几下，表示有许多岛。

九龙半岛　Jiǔlóng Bàndǎo

（一）右手食指弯曲，中节指指背向上，虎口朝内，向左下方移动两下。

（二）一手食指横伸，手背向外，拇指在食指中部划一下。

（三）左手斜伸，手背向上；右手横伸，掌心向下，五指张开，边交替点动边绕左手转动半圈。

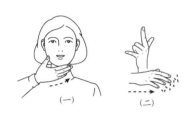

雅鲁藏布江　Yǎlǔzàngbù Jiāng

（一）一手横立，掌心向内，食、中、无名、小指并拢，在颊部从右向左摸一下。

（二）左手拇、食、小指直立，手背向外，仿"山"字形；右手平伸，掌心向下，五指张开，边交替点动边向前移动。

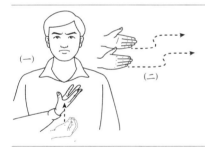

怒江　Nù Jiāng

（一）一手五指撮合，指尖朝上，贴于胸部，然后猛然向上张开，面露生气的表情。

（二）双手侧立，掌心相对，相距宽些，向前做曲线形移动。

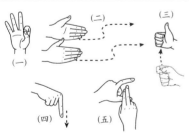

三江源地区　Sānjiāngyuán dìqū

（一）一手中、无名、小指直立分开，掌心向外。

（二）双手侧立，掌心相对，相距宽些，向前做曲线形移动。

（三）一手拇、食指相捏，然后边向上移动边弹出拇指。

（四）一手伸食指，指尖朝下一指。

（五）左手拇、食指成"匚"形，虎口朝内；右手食、中指相叠，手背向内，置于左手"匚"形中，仿"区"字形。

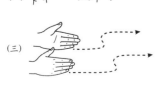

澜沧江　Láncāng Jiāng

（一）一手打手指字母"L"的指式。

（二）一手打手指字母"C"的指式。

（三）双手侧立，掌心相对，相距宽些，向前做曲线形移动。

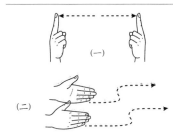

长江 Cháng Jiāng

（一）双手食指直立，指面左右相对，从中间向两侧拉开。

（二）双手侧立，掌心相对，相距宽些，向前做曲线形移动。

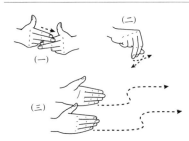

金沙江 Jīnshā Jiāng

（一）双手伸拇、食、中指，食、中指并拢，交叉相搭，右手中指蹭一下左手食指。

（二）一手拇、食、中指相捏，指尖朝下，互捻几下。

（三）双手侧立，掌心相对，相距宽些，向前做曲线形移动。

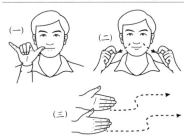

雅砻江 Yǎlóng Jiāng

（一）一手打手指字母"Y"的指式，拇指尖抵于嘴角一侧。

（二）双手拇、食指相捏，从鼻下向两侧斜前方拉出，表示龙的两条长须。"龙"与"砻"音同形近，借代。

（三）双手侧立，掌心相对，相距宽些，向前做曲线形移动。

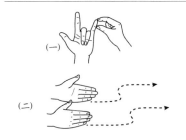

岷江 Mín Jiāng

（一）左手拇、食、小指直立，手背向外；右手拇、食指成"コ"形，虎口朝内，抵于左手小指，仿"岷"字部分字形。

（二）双手侧立，掌心相对，相距宽些，向前做曲线形移动。

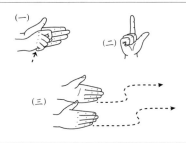

嘉陵江 Jiālíng Jiāng

（一）左手侧立；右手拇、食指捏成圆形，虎口朝左，贴向左手掌心。"加"与"嘉"音同形近，借代。

（二）一手打手指字母"L"的指式。

（三）双手侧立，掌心相对，相距宽些，向前做曲线形移动。

乌江 Wū Jiāng

（一）一手打手指字母"W"的指式，在头发一侧向下抹一下。

（二）双手侧立，掌心相对，相距宽些，向前做曲线形移动。

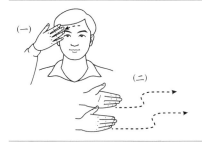

汉江　Hàn Jiāng

（一）一手五指张开，手背向外，在额头上一抹，如流汗状。

（二）双手侧立，掌心相对，相距宽些，向前做曲线形移动。

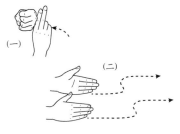

赣江　Gàn Jiāng

（一）左手握拳，手背向外，虎口朝上；右手食、中指直立并拢，手背向右，碰一下左手背。

（二）双手侧立，掌心相对，相距宽些，向前做曲线形移动。

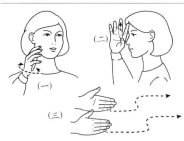

黄浦江　Huángpǔ Jiāng

（一）右手五指微曲张开，掌心向左，晃动几下。

（二）一手食指尖抵于前额，拇、中指相捏，然后弹开。

（三）双手侧立，掌心相对，相距宽些，向前做曲线形移动。

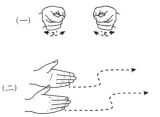

珠江　Zhū Jiāng

（一）双手拇、食指捏成圆形，虎口朝上，随意晃动几下。

（二）双手侧立，掌心相对，相距宽些，向前做曲线形移动。

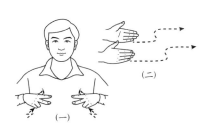

闽江　Mǐn Jiāng

（一）双手伸拇、食、中指，手背向上，拇指尖碰两下胸部。

（二）双手侧立，掌心相对，相距宽些，向前做曲线形移动。

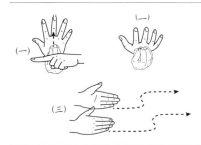

松花江　Sōnghuā Jiāng

（一）左手食指横伸，手背向上；右手五指撮合，指背贴于左手食指，边向上移动边张开，表示松树的针叶。

（二）一手五指撮合，指尖朝上，然后张开。

（三）双手侧立，掌心相对，相距宽些，向前做曲线形移动。

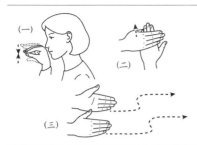

鸭绿江　Yālù Jiāng

（一）一手手背贴于嘴部，拇、食、中指先张开再相捏，仿鸭的嘴。

（二）左手食、中、无名、小指并拢，指尖朝右上方，手背向外；右手五指向上捋一下左手四指。

（三）双手侧立，掌心相对，相距宽些，向前做曲线形移动。

黄河　Huáng Hé

（一）一手打手指字母"H"的指式，摸一下脸颊。

（二）双手侧立，掌心相对，相距窄些，向前做曲线形移动。

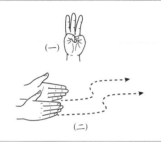

渭河　Wèi Hé

（一）一手打手指字母"W"的指式。

（二）双手侧立，掌心相对，相距窄些，向前做曲线形移动。

汾河　Fén Hé

（一）左手横伸；右手侧立，置于左手掌心上，并左右拨动一下。"分"与"汾"音形相近，借代。

（二）双手侧立，掌心相对，相距窄些，向前做曲线形移动。

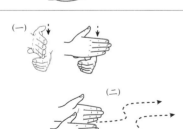

淮河　Huái Hé

（一）左手五指成半圆形，虎口朝上；右手在左手虎口处先侧立，再横立。

（二）双手侧立，掌心相对，相距窄些，向前做曲线形移动。

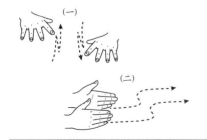

海河　Hǎi Hé

（一）双手平伸，掌心向下，五指张开，上下交替移动，表示起伏的波浪。

（二）双手侧立，掌心相对，相距窄些，向前做曲线形移动。

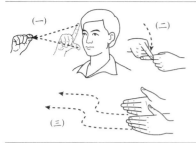

永定河　Yǒngdìng Hé

（一）一手拇、食指张开，虎口朝内，置于眼前，边向前移动边逐渐相捏。

（二）左手食指横伸；右手食指直立，向下敲一下左手食指。

（三）双手侧立，掌心相对，相距窄些，向前做曲线形移动。

辽河　Liáo Hé

（一）双手伸拇、食指，左手食指横伸，右手食指垂直于左手食指，然后向下移动一下，仿"辽"字形。

（二）双手侧立，掌心相对，相距窄些，向前做曲线形移动。

洞庭湖　Dòngtíng Hú

左手五指捏成圆形，虎口朝内；右手横伸，掌心向下，五指张开，边交替点动边在左手下方顺时针转动一圈。

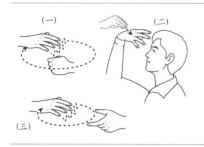

鄱阳湖　Póyáng Hú

（一）左手握拳，虎口朝上；右手横伸，掌心向下，五指张开，边交替点动边在左手上方顺时针转动一圈。

（二）头抬起，一手五指撮合，置于头上方，边向头部移动边张开。

（三）左手拇、食指成半圆形，虎口朝上；右手横伸，掌心向下，五指张开，边交替点动边在左手旁顺时针转动一圈。

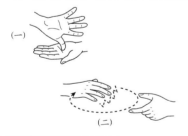

太湖　Tài Hú

（一）左手横伸，掌心向上；右手五指张开，掌心向外，拇指尖抵于左手掌心。

（二）左手拇、食指成半圆形，虎口朝上；右手横伸，掌心向下，五指张开，边交替点动边在左手旁顺时针转动一圈。

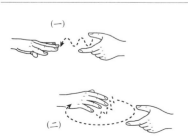

洪泽湖　Hóngzó Hú

（一）左手拇、食指成半圆形，虎口朝上；右手横伸，手背向上，食、中、无名、小指分开，拇指弯回，在左手虎口旁向右做波纹状移动。

（二）左手拇、食指成半圆形，虎口朝上；右手横伸，掌心向下，五指张开，边交替点动边在左手旁顺时针转动一圈。

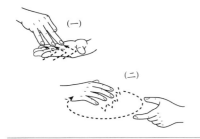

巢湖　Cháo Hú

（一）左手横伸；右手伸中、无名、小指，指尖朝下，在左手掌心上做"巛"形划动，表示"巢"字的上半部。

（二）左手拇、食指成半圆形，虎口朝上；右手横伸，掌心向下，五指张开，边交替点动边在左手旁顺时针转动一圈。

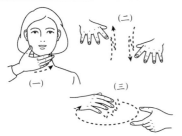

青海湖　Qīnghǎi Hú

（一）一手横立，掌心向内，食、中、无名、小指并拢，在颏部从右向左摸一下。

（二）双手平伸，掌心向下，五指张开，上下交替移动，表示起伏的波浪。

（三）左手拇、食指成半圆形，虎口朝上；右手横伸，掌心向下，五指张开，边交替点动边在左手旁顺时针转动一圈。

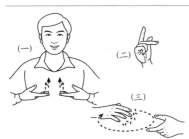

兴凯湖　Xīngkǎi Hú

（一）双手横伸，掌心向上，在胸前同时向上移动两下，面带笑容。

（二）一手打手指字母"K"的指式。

（三）左手拇、食指成半圆形，虎口朝上；右手横伸，掌心向下，五指张开，边交替点动边在左手旁顺时针转动一圈。

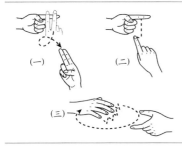

艾丁湖　Àidīng Hú

（一）左手食指横伸，手背向外；右手食、中指直立分开，掌心向外，贴于左手食指，然后边并拢边向下做"乂"形转动，掌心向内，仿"艾"字形。

（二）左手食指横伸，手背向外；右手伸食指，指尖朝前，在左手食指下书空"亅"，仿"丁"字形。

（三）左手拇、食指成半圆形，虎口朝上；右手横伸，掌心向下，五指张开，边交替点动边在左手旁顺时针转动一圈。

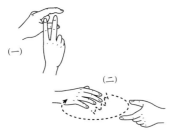

西湖　Xī Hú

（一）左手拇、食指成"匸"形，虎口朝内；右手食、中指直立分开，手背向内，贴于左手拇指，仿"西"字部分字形。

（二）左手拇、食指成半圆形，虎口朝上；右手横伸，掌心向下，五指张开，边交替点动边在左手旁顺时针转动一圈。

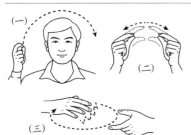

日月潭　Rì-Yuè Tán

（一）右手拇、食指捏成圆形，虎口朝内，从右向左做弧形移动，越过头顶。

（二）双手拇、食指张开，指尖相对，虎口朝内，边从中间向两侧做弧形移动边相捏，如弯月状。

（三）左手拇、食指成半圆形，虎口朝上；右手横伸，掌心向下，五指张开，边交替点动边在左手旁顺时针转动一圈。

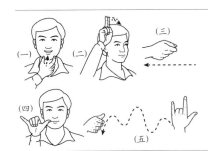

喜马拉雅山脉　Xǐmǎlāyǎ Shānmài

（一）一手拇、食指弯曲，指尖朝颊部点一下。

（二）一手食、中指直立并拢，虎口贴于太阳穴，向前微动两下，仿马的耳朵。

（三）一手握拳，向内拉动一下。

（四）一手打手指字母"Y"的指式，拇指尖抵于嘴角一侧。

（五）左手拇、食、小指直立，手背向外，仿"山"字形；右手平伸，手背向上，在左手旁从低向高、从左向右连续做起伏状移动。

珠穆朗玛峰　Zhūmùlǎngmǎ Fēng

双手打手指字母"ZH"的指式，指尖朝斜上方，掌心向外，从下向上做弧形移动至双手食指相贴。

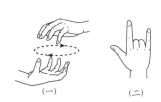

昆仑山　Kūnlún Shān

（一）双手五指弯曲，指尖上下相对，交替平行转动两下。

（二）一手拇、食、小指直立，手背向外，仿"山"字形。

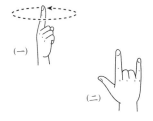

天山　Tiān Shān

（一）一手食指直立，在头一侧上方转动一圈。

（二）一手拇、食、小指直立，手背向外，仿"山"字形。

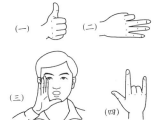

阿尔泰山　Ā'ěrtài Shān

（一）一手打手指字母"A"的指式。

（二）一手打手指字母"E"的指式。

（三）一手五指成"凵"形，虎口贴于嘴边，口张开。

（四）一手拇、食、小指直立，手背向外，仿"山"字形。

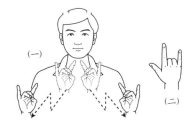

唐古拉山　Tánggǔlā Shān

（一）双手打手指字母"T"的指式，从中间向两侧斜下方做折线形移动。

（二）一手拇、食、小指直立，手背向外，仿"山"字形。

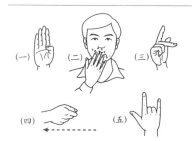

巴颜喀拉山 Bāyánkālā Shān

（一）一手打手指字母"B"的指式。

（二）一手直立，掌心向内，五指张开，在嘴唇部交替点动。

（三）一手打手指字母"K"的指式。

（四）一手握拳，向内拉动一下。

（五）一手拇、食、小指直立，手背向外，仿"山"字形。

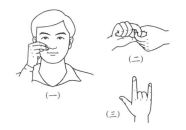

祁连山 Qílián Shān

（一）一手打手指字母"Q"的指式，指尖抵于鼻翼一侧。

（二）双手拇、食指套环。

（三）一手拇、食、小指直立，手背向外，仿"山"字形。

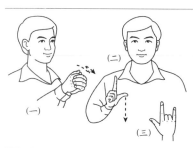

贺兰山 Hèlán Shān

（一）双手作揖，向前晃动两下。

（二）一手打手指字母"L"的指式，沿胸的一侧划下。"蓝"与"兰"音同，借代。

（三）一手拇、食、小指直立，手背向外，仿"山"字形。

秦岭 Qín Lǐng

（一）一手五指并拢，指尖朝后，手背向上，在头顶上从低向高斜向移动一下。

（二）双手拇、食、小指直立，手背向外，仿"山"字形，左手在前不动，右手在后，边上下移动边向右移动。

太行山 Tàiháng Shān

（一）一手打手指字母"T"的指式。

（二）一手打手指字母"H"的指式。

（三）一手拇、食、小指直立，手背向外，仿"山"字形。

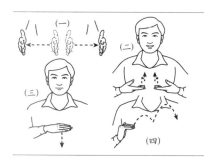

大兴安岭 Dàxīng'ān Lǐng

（一）双手侧立，掌心相对，同时向两侧移动，幅度要大些。

（二）双手横伸，掌心向上，在胸前同时向上移动两下，面带笑容。

（三）一手横伸，掌心向下，自胸部向下一按。

（四）一手五指与手掌成"⌐"形，指背向上，从右向左、从低向高做起伏状移动，仿山峰的形状。

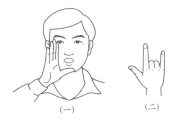

泰山　Tài Shān

（一）一手五指成"亅"形，虎口贴于嘴边，口张开。

（二）一手拇、食、小指直立，手背向外，仿"山"字形。

华山　Huà Shān

（一）一手五指撮合，指尖朝上，边向上微移边张开。

（二）一手拇、食、小指直立，手背向外，仿"山"字形。

衡山　Héng Shān

（一）双手侧立，五指张开，右手拇指贴于左手掌心，然后向下划动一下。

（二）一手拇、食、小指直立，手背向外，仿"山"字形。

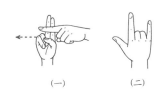

恒山　Héng Shān

（一）左手食指横伸，手背向上；右手打手指字母"H"的指式，贴于左手食指并向右移动。

（二）一手拇、食、小指直立，手背向外，仿"山"字形。

嵩山　Sōng Shān

（一）双手拇、食、小指直立，左手背向左，右手背向右，右手食指先贴于左手掌心，再向上移动。

（二）一手拇、食、小指直立，手背向外，仿"山"字形。

五台山　Wutai Shan

（一）一手五指直立张开，掌心向外。

（二）一手伸拇、小指，指尖朝上，拇指尖抵于颊部。

（三）一手拇、食、小指直立，手背向外，仿"山"字形。

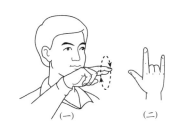

普陀山　Pǔtuó Shān

（一）一手食、中指相叠，指尖朝前，置于嘴前，转动两下。

（二）一手拇、食、小指直立，手背向外，仿"山"字形。

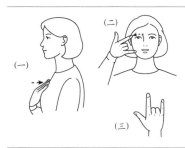

峨眉山　Éméi Shān

（一）一手手掌拍一下胸部。"我"与"峨"形近，借代。

（二）一手伸拇、食、小指，手背向外，食指摸一下眉毛。

（三）一手拇、食、小指直立，手背向外，仿"山"字形。

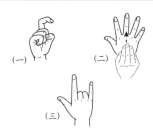

九华山　Jiǔhuá Shān

（一）一手食指弯曲，中节指指背向上，虎口朝内。

（二）一手五指撮合，指尖朝上，边向上微移边张开。

（三）一手拇、食、小指直立，手背向外，仿"山"字形。

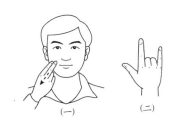

黄山　Huáng Shān

（一）一手打手指字母"H"的指式，摸一下脸颊。

（二）一手拇、食、小指直立，手背向外，仿"山"字形。

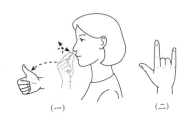

香山　Xiāng Shān

（一）一手拇、食指在鼻孔前捻动，然后伸出拇指。

（二）一手拇、食、小指直立，手背向外，仿"山"字形。

五指山　Wǔzhǐ Shān

左手直立，掌心向外，五指张开；右手拇、食、小指直立，手背向外，仿"山"字形，贴于左手腕。

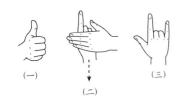

阿里山①　Ālǐ Shān ①

（一）一手打手指字母"A"的指式。

（二）左手横立；右手食指直立，在左手掌心内从上向下移动。

（三）一手拇、食、小指直立，手背向外，仿"山"字形。

阿里山②　Ālǐ Shān ②

左手横伸；右手五指弯曲，指尖朝下，置于左手掌心上，然后边向上做螺旋形移动边撮合。

（此为台湾聋人手语）

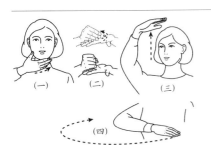

青藏高原　Qīng-Zàng Gāoyuán

（一）一手横立，掌心向内，食、中、无名、小指并拢，在颏部从右向左摸一下。

（二）左手横伸；右手在左手掌心上模仿做糌粑的动作。

（三）一手横伸，掌心向下，向上移过头顶。

（四）一手横伸，掌心向下，五指并拢，齐胸部从一侧向另一侧做大范围的弧形移动。

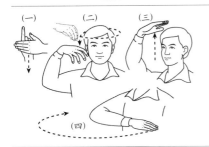

内蒙古高原　Nèiměnggǔ Gāoyuán

（一）左手横立；右手食指直立，在左手掌心内从上向下移动。

（二）右手五指撮合，指尖朝下，沿头顶转动一圈，然后在头右侧张开，仿蒙古族头饰。

（三）一手横伸，掌心向下，向上移过头顶。

（四）一手横伸，掌心向下，五指并拢，齐胸部从一侧向另一侧做大范围的弧形移动。

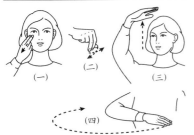

黄土高原　Huángtǔ Gāoyuán

（一）一手打手指字母"H"的指式，摸一下脸颊。

（二）一手拇、食、中指相捏，指尖朝下，互捻几下。

（三）一手横伸，掌心向下，向上移过头顶。

（四）一手横伸，掌心向下，五指并拢，齐胸部从一侧向另一侧做大范围的弧形移动。

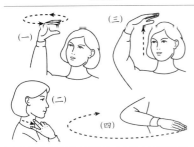

云贵高原　Yún-Guì Gāoyuán

（一）一手五指成"冂"形，虎口朝内，在头前上方平行转动两下。

（二）一手食、中指分开，指尖朝后，在颈部一侧向前移动一下。

（三）一手横伸，掌心向下，向上移过头顶。

（四）一手横伸，掌心向下，五指并拢，齐胸部从一侧向另一侧做大范围的弧形移动。

帕米尔高原　Pàmǐ'ěr Gāoyuán

（一）一手打手指字母"P"的指式。

（二）一手拇、食指微张，在嘴角处前后微转几下。

（三）一手打手指字母"E"的指式。

（四）一手横伸，掌心向下，向上移过头顶。

（五）一手横伸，掌心向下，五指并拢，齐胸部从一侧向另一侧做大范围的弧形移动。

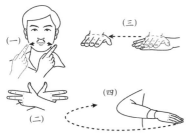

东北平原　Dōngběi Píngyuán

（一）一手伸食指，在嘴两侧书写"八"，仿"东"字部分字形。

（二）双手伸拇、食、中指，手背向外，手腕交叉相搭，仿"北"字形。

（三）左手横伸；右手平伸，掌心向下，从左手背上向右移动一下。

（四）一手横伸，掌心向下，五指并拢，齐胸部从一侧向另一侧做大范围的弧形移动。

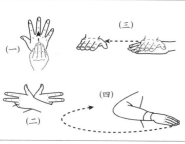

华北平原　Huáběi Píngyuán

（一）一手五指撮合，指尖朝上，边向上微移边张开。

（二）双手伸拇、食、中指，手背向外，手腕交叉相搭，仿"北"字形。

（三）左手横伸；右手平伸，掌心向下，从左手背上向右移动一下。

（四）一手横伸，掌心向下，五指并拢，齐胸部从一侧向另一侧做大范围的弧形移动。

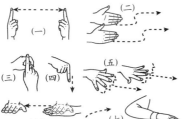

长江中下游平原　Cháng Jiāng Zhōng-xiàyóu Píngyuán

（一）双手食指直立，指面左右相对，从中间向两侧拉开。

（二）双手侧立，掌心相对，相距宽些，向前做曲线形移动。

（三）左手拇、食指与右手食指搭成"中"字形。

（四）右手伸食指，置于身体左前方，指尖朝下一指。

（五）双手五指张开，指尖朝左前方，掌心向下，一前一后，边交替点动边向左前方移动。

（六）左手横伸；右手平伸，掌心向下，从左手背上向右移动一下。

（七）一手横伸，掌心向下，五指并拢，齐胸部从一侧向另一侧做大范围的弧形移动。

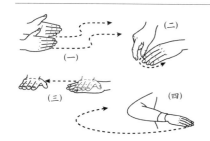

河套平原　Hétào Píngyuán

（一）双手侧立，掌心相对，相距窄些，向前做曲线形移动。

（二）左手平伸，手背向上；右手拇、食指微张，指尖朝下，沿左手食、中、无名、小指指尖转动半圈，仿黄河河套地区的形状。

（三）左手横伸；右手平伸，掌心向下，从左手背上向右移动一下。

（四）一手横伸，掌心向下，五指并拢，齐胸部从一侧向另一侧做大范围的弧形移动。

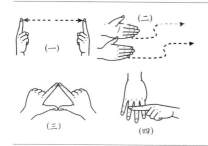

长江三角洲　Cháng Jiāng Sānjiǎozhōu

（一）双手食指直立，指面左右相对，从中间向两侧拉开。

（二）双手侧立，掌心相对，相距宽些，向前做曲线形移动。

（三）双手拇、食指搭成"△"形，虎口朝内。

（四）右手食、中、无名、小指分开，指尖朝下，手背向外；左手食指横伸，置于右手食、中、无名指间，仿"洲"字形。

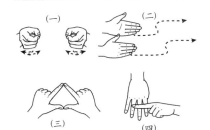

珠江三角洲   Zhū Jiāng Sānjiǎozhōu

（一）双手拇、食指捏成圆形，虎口朝上，随意晃动几下。

（二）双手侧立，掌心相对，相距宽些，向前做曲线形移动。

（三）双手拇、食指搭成"△"形，虎口朝内。

（四）右手食、中、无名、小指分开，指尖朝下，手背向外；左手食指横伸，置于右手食、中、无名指间，仿"洲"字形。

准噶尔盆地   Zhǔngá'ěr Péndì

（一）左手食指直立；右手侧立，指向左手食指。

（二）一手打手指字母"G"的指式。

（三）一手打手指字母"E"的指式。

（四）双手拇、食指成大圆形，虎口朝上，从下向上做弧形移动。

（五）一手伸食指，指尖朝下一指。

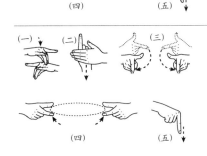

塔里木盆地   Tǎlǐmù Péndì

（一）双手打手指字母"T"的指式，拇、中、无名指指尖朝下，左手在下不动，右手拇、中、无名指指尖碰一下左手背。

（二）左手横立；右手食指直立，在左手掌心内从上向下移动。

（三）双手伸拇、食指，虎口朝上，手腕向前转动一下。

（四）双手拇、食指成大圆形，虎口朝上，从下向上做弧形移动。

（五）一手伸食指，指尖朝下一指。

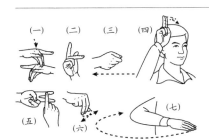

塔克拉玛干沙漠   Tǎkèlāmǎgān Shāmò

（一）双手打手指字母"T"的指式，拇、中、无名指指尖朝下，左手在下不动，右手拇、中、无名指指尖碰一下左手背。

（二）一手打手指字母"K"的指式。

（三）一手握拳，向内拉动一下。

（四）一手食、中指直立并拢，虎口贴于太阳穴，向前微动两下，仿马的耳朵。"马"与"玛"音同形近，借代。

（五）左手食、中指与右手食指搭成"干"字形。

（六）一手拇、食、中指相捏，指尖朝下，互捻几下。

（七）一手横伸，掌心向下，五指并拢，齐胸部从一侧向另一侧做大范围的弧形移动。

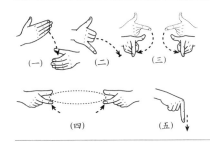

柴达木盆地   Cháidámù Péndì

（一）左手五指成半圆形，虎口朝上；右手食、中、无名、小指并拢，向左手虎口处一挥，如用柴刀劈柴状。

（二）一手伸拇、小指，向前做弧形移动，然后向下一顿。

（三）双手伸拇、食指，虎口朝上，手腕向前转动一下。

（四）双手拇、食指成大圆形，虎口朝上，从下向上做弧形移动。

（五）一手伸食指，指尖朝下一指。

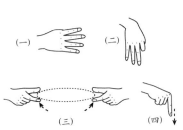

四川盆地   Sìchuān Péndì

（一）一手食、中、无名、小指横伸分开，手背向外。

（二）一手中、无名、小指分开，指尖朝下，手背向外，仿"川"字形。

（三）双手拇、食指成大圆形，虎口朝上，从下向上做弧形移动。

（四）一手伸食指，指尖朝下一指。

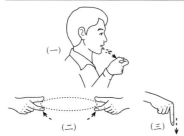

中国热极　*zhōngguó rèjí*

（一）一手伸食指，自咽喉部顺肩胸部划至右腰部。

（二）一手五指张开，手背向外，在额头上一抹，如流汗状。

（三）一手食指横伸，拇指尖按于食指根部，手背向下，向下一顿。

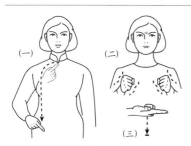

吐鲁番盆地　*Tǔlǔfān Péndì*

（一）一手拇、食指捏成圆形，虎口朝上，从嘴前向前移动两下。

（二）双手拇、食指成大圆形，虎口朝上，从下向上做弧形移动。

（三）一手伸食指，指尖朝下一指。

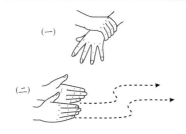

中国冷极　*zhōngguó lěngjí*

（一）一手伸食指，自咽喉部顺肩胸部划至右腰部。

（二）双手握拳屈肘，小臂颤动几下，如哆嗦状。

（三）一手食指横伸，拇指尖按于食指根部，手背向下，向下一顿。

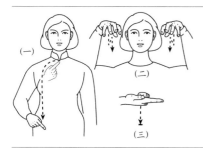

根河　*Gēn Hé*

（一）左手五指张开，手背向上；右手握住左手腕。

（二）双手侧立，掌心相对，相距窄些，向前做曲线形移动。

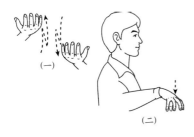

中国雨极　*zhōngguó yǔjí*

（一）一手伸食指，自咽喉部顺肩胸部划至右腰部。

（二）双手五指微曲，指尖朝下，在头前快速向下动几下，表示雨点落下。

（三）一手食指横伸，拇指尖按于食指根部，手背向下，向下一顿。

火烧寮　*Huǒshāoliáo*

（一）双手五指微曲，指尖朝上，上下交替动几下，如火苗跳动状。

（二）一手五指弯曲，指尖朝下，按动一下。

（此为台湾聋人手语）

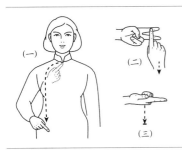

中国干极　zhōngguó gānjí

（一）一手伸食指，自咽喉部顺肩胸部划至右腰部。

（二）左手食、中指与右手食指搭成"干"字形，右手食指向下移动一下，表示干旱。

（三）一手食指横伸，拇指尖按于食指根部，手背向下，向下一顿。

托克逊　Tuōkèxùn

（一）一手横伸，掌心向上，置于同侧肩膀前，并向上移动，如托物状。

（二）一手打手指字母"K"的指式。

（三）一手打手指字母"X"的指式。

3. 其他

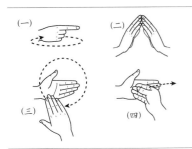

国家版图　guójiā bǎntú

（一）一手打手指字母"G"的指式，顺时针平行转动一圈。

（二）双手搭成"∧"形。

（三）左手横立，手背向外；右手直立，掌心向外，在左手内顺时针转动一圈。

（四）左手横立；右手五指撮合，指背在左手掌心上抹一下。

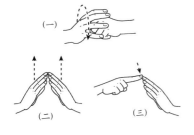

世界屋脊　shìjiè wūjǐ

（一）左手握拳，手背向上；右手五指微曲张开，从后向前绕左拳转动半圈。

（二）双手搭成"∧"形，向上移动。

（三）左手斜伸，掌心向右下方，五指并拢；右手伸食指，指一下左手指尖，表示房顶。

布达拉宫　Bùdálā Gōng

头微低，双手合十，然后左手不动，右手向前上方抬起。

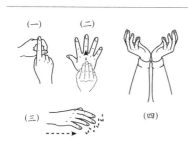

中华水塔　zhōnghuá shuǐtǎ

（一）左手拇、食指与右手食指搭成"中"字形。

（二）一手五指撮合，指尖朝上，边向上微移边张开。

（三）一手横伸，掌心向下，五指张开，边交替点动边向一侧移动。

（四）双手五指弯曲，指尖朝上，手腕相挨。

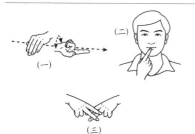

坎儿井　kǎn·erjǐng

（一）左手横伸，手背拱起；右手拇指尖按于食指根部，手背向下，边左右转腕边在左手掌心下向前移动。

（二）一手伸食指，指尖贴于下嘴唇。

（三）双手食、中指搭成"井"字形，手背向上。

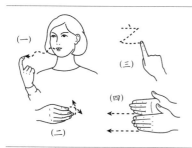

丝绸之路　sīchóu zhī lù

（一）一手伸食指，指尖朝内，从嘴部向外做波纹状移动，表示蚕丝。

（二）右手五指撮合，指尖朝左，互捻几下，如用手感觉丝绸的光滑度状。

（三）一手伸食指，指尖朝前，书空"之"字形。

（四）双手侧立，掌心相对，向前移动。

（可根据实际省略第三个动作）

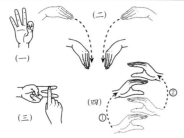

三峡工程　Sān Xiá Gōngchéng

（一）一手中、无名、小指直立分开，掌心向外。

（二）双手手背拱起，指尖左右相对，然后同时向中间下方转动，指背相对。

（三）左手食、中指与右手食指搭成"工"字形。

（四）双手五指成"匚匸"形，虎口朝内，交替上叠，模仿垒砖的动作。

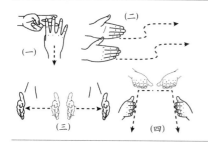

荆江大堤　Jīng Jiāng Dàdī

（一）左手食、中指横伸分开，手背向外；右手食、中、无名、小指直立分开，食、中指贴于左手食、中指，手背向内，然后向下拉动一下。"刑"与"荆"形近，借代。

（二）双手侧立，掌心相对，相距宽些，向前做曲线形移动。

（三）双手侧立，掌心相对，同时向两侧移动，幅度要大些。

（四）双手平伸，掌心向下，先向两侧微移再折而向斜下方移动，仿堤坝的形状。

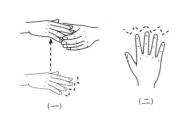

蓄水量　xùshuǐliàng

（一）左手五指成半圆形，虎口朝上；右手横伸，掌心向下，五指张开，在左手下方边交替点动边向上移至左手虎口。

（二）一手直立，掌心向内，五指张开，交替点动几下。

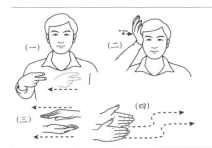

京杭运河　Jīng-Háng Yùnhé

（一）右手伸食、中指，指尖抵于左胸部，然后划至右胸部。

（二）一手五指微曲，掌心贴两下太阳穴。

（三）双手横伸，掌心上下相对，向一侧移动一下。

（四）双手侧立，掌心相对，相距窄些，向前做曲线形移动。

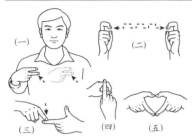

北京城市副中心　Běijīng chéngshì fùzhōngxīn

（一）右手伸食、中指，指尖先点一下左胸部，再点一下右胸部。

（二）双手食指直立，指面相对，从中间向两侧弯动，仿城墙"⊓⌐⊓"形。

（三）左手伸拇、食指，食指尖朝右，手背向外；右手伸食指，敲一下左手食指尖。

（四）左手拇、食指与右手食指搭成"中"字形。

（五）双手拇、食指张开仿"♡"形，手背向外，置于胸部。

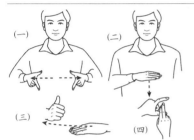

雄安新区　Xióng'ān Xīnqū

（一）双手伸拇、食指，食指尖朝下，贴于腹部，然后用力向两侧拉开。

（二）一手横伸，掌心向下，自胸部向下一按。

（三）左手横伸；右手伸拇指，在左手背上从左向右划出。

（四）左手拇、食指成"匚"形，虎口朝内；右手食、中指相叠，手背向内，置于左手"匚"形中，仿"区"字形。

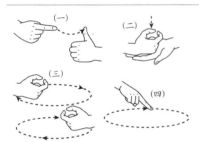

首都经济圈　Shǒudū Jīngjìquān

（一）左手伸拇指；右手伸食指，碰一下左手拇指。

（二）左手横伸；右手拇、食指成圆形，指尖稍分开，虎口朝上，移至左手掌心。

（三）双手拇、食指成圆形，指尖稍分开，虎口朝上，交替顺时针平行转动。

（四）一手伸食指，指尖朝下划一大圈。

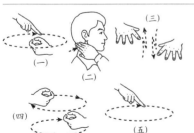

环渤海经济圈　Huán Bó Hǎi Jīngjìquān

（一）左手拇、食指成圆形，指尖稍分开，虎口朝上；右手伸食指，指尖朝下，绕左手转动一圈。

（二）一手手掌拍一下脖颈儿。"脖"与"渤"音同，借代。

（三）双手平伸，掌心向下，五指张开，上下交替移动，表示起伏的波浪。

（四）双手拇、食指成圆形，指尖稍分开，虎口朝上，交替顺时针平行转动。

（五）一手伸食指，指尖朝下划一大圈。

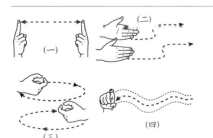

长江经济带　Cháng Jiāng Jīngjìdài

（一）双手食指直立，指面左右相对，从中间向两侧拉开。

（二）双手侧立，掌心相对，相距宽些，向前做曲线形移动。

（三）双手拇、食指成圆形，指尖稍分开，虎口朝上，交替顺时针平行转动。

（四）一手拇、食指张开，指尖朝前，从左向右做曲线形移动。

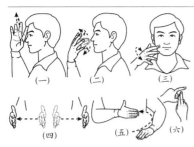

粤港澳大湾区　Yuè-Gǎng-Ào Dàwānqū

（一）一手食指尖抵于前额，拇、中指相捏，然后弹动两下。

（二）一手五指撮合，指尖对着鼻部，然后开合两下。

（三）一手五指张开，食指尖抵于脸颊处，并钻动两下。

（四）双手侧立，掌心相对，同时向两侧移动，幅度要大些。

（五）左手斜伸，手背向上；右手食、中、无名、小指并拢，掌心向外，沿左臂内侧划动半圈。

（六）左手拇、食指成"匚"形，虎口朝内；右手食、中指相叠，手背向内，置于左手"匚"形中，仿"区"字形。

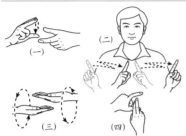

海南自由贸易区　Hǎinán Zìyóu Màoyìqū

（一）左手拇、食指成半圆形，虎口朝上；右手伸拇、食、中指，拇指在下，食、中指在上，在左手边捏动两下。

（二）双手食指直立，在胸前随意交替摆动几下。

（三）双手横伸，掌心向上，前后交替转动两下。

（四）左手拇、食指成"匚"形，虎口朝内；右手食、中指相叠，手背向内，置于左手"匚"形中，仿"区"字形。

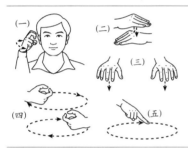

成渝地区双城经济圈

Chéng-Yú Dìqū Shuāngchéng Jīngjìquān

（一）一手食、中指弯曲，置于太阳穴旁，手腕左右转动两下。

（二）双手横伸，手背拱起，左手在下不动，右手掌向下拍两下左手背。

（三）双手五指弯曲，指尖朝下，按动一下。

（四）双手拇、食指成圆形，指尖稍分开，虎口朝上，交替顺时针平行转动。

（五）一手伸食指，指尖朝下划一大圈。

经济开发区　jīngjì kāifāqū

（一）双手拇、食指成圆形，指尖稍分开，虎口朝上，交替顺时针平行转动。

（二）双手食、中指分开，掌心向外，交叉搭成"开"字形，置于身前，然后向两侧打开，掌心向斜上方。

（三）左手拇、食指成"匚"形，虎口朝内；右手食、中指相叠，手背向内，置于左手"匚"形中，仿"区"字形。

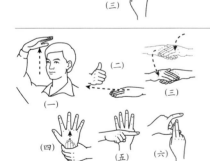

高新技术产业区　gāoxīn jìshù chǎnyèqū

（一）一手横伸，掌心向下，向上移过头顶。

（二）左手横伸；右手伸拇指，在左手背上从左向右划出。

（三）双手横伸，掌心向下，互拍手背。

（四）左手五指成半圆形，虎口朝上；右手五指撮合，指尖朝上，手背向外，边从左手虎口内伸出边张开。

（五）左手食、中、无名、小指直立分开，手背向外；右手食指横伸，置于左手四指根部，仿"业"字形。

（六）左手拇、食指成"匚"形，虎口朝内；右手食、中指相叠，手背向内，置于左手"匚"形中，仿"区"字形。

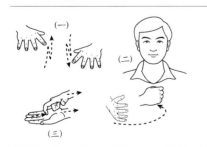

海洋权益　hǎiyáng quányì

（一）双手平伸，掌心向下，五指张开，上下交替移动，表示起伏的波浪。

（二）右手侧立，五指微曲张开，边向左做弧形移动边握拳。

（三）左手平伸；右手伸拇、食指，食指边向后划一下左手掌心边缩回，双手同时向内移动。

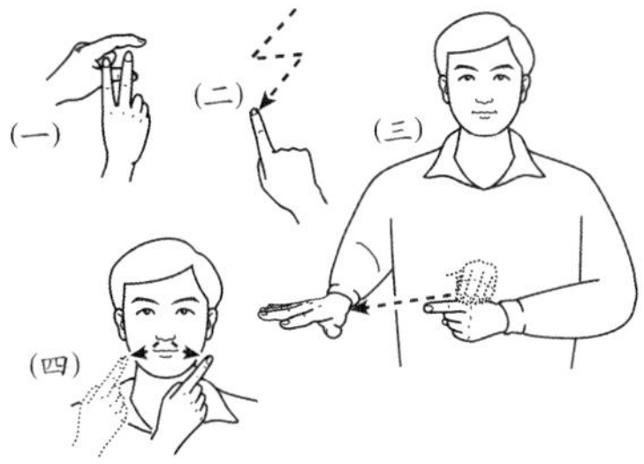

西电东送 Xī Diàn Dōng Sòng

（一）左手拇、食指成“匚”形，虎口朝内；右手食、中指直立分开，手背向内，贴于左手拇指，仿“西”字部分字形。

（二）一手食指书空“ㄣ”形。

（三）左手食指横伸，手背向外；右手五指撮合，指尖抵于左手食指根部，然后边向右移动边张开，掌心向下，表示通过电线传输电流。

（四）一手伸食指，在嘴两侧书写“八”，仿“东”字部分字形。

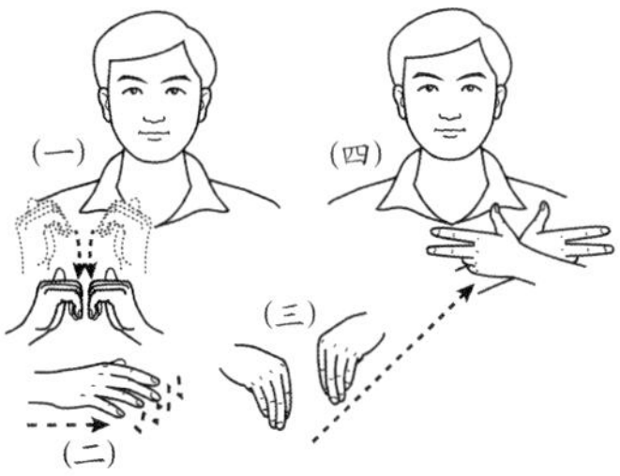

南水北调 Nán Shuǐ Běi Diào

（一）双手五指弯曲，食、中、无名、小指指尖朝下，置于身体右侧，手腕向下转动一下。

（二）一手横伸，掌心向下，五指张开，边交替点动边向一侧移动。

（三）双手五指撮合，指尖朝下，从下向左上方移动。

（四）双手伸拇、食、中指，手背向外，手腕交叉相搭，仿“北”字形，置于身体左侧。

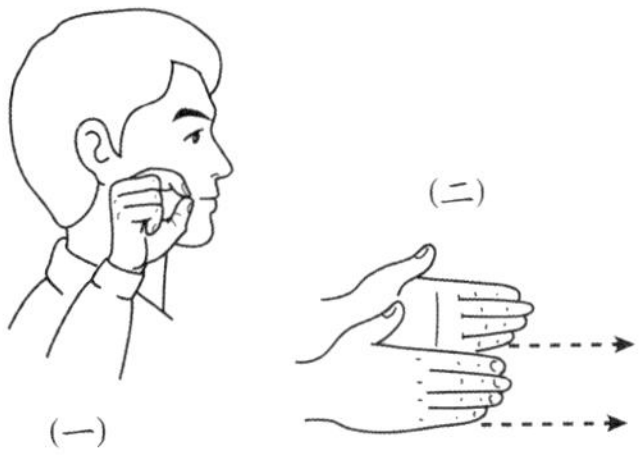

胡同① hútòng ①

（一）一手拇、食指捏成圆形，虎口贴于脸颊。

（二）双手侧立，掌心相对，向前移动。

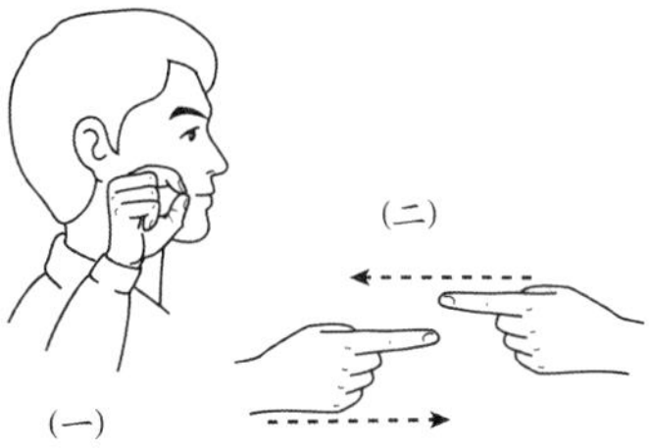

胡同② hútòng ②

（一）一手拇、食指捏成圆形，虎口贴于脸颊。

（二）双手食指横伸，指尖相对，手背向外，从两侧向中间交错移动。

四、世界地理

1. 大洲 海洋 海峡 运河

世界①（国际①、全球） shìjiè ① （guójì ①、quánqiú）

左手握拳，手背向上；右手五指微曲张开，从后向前绕左拳转动半圈。

世界② shìjiè ②

左手握拳，手背向上；右手侧立，置于左手腕，然后双手同时前后反向转动。

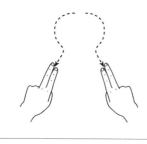

国际② guójì ②

双手食、中指并拢，指尖朝前，从上向下做曲线形移动。（此为国际聋人手语）

洲 zhōu

右手食、中、无名、小指分开，指尖朝下，手背向外；左手食指横伸，置于右手食、中、无名指间，仿"洲"字形。

亚洲 Yàzhōu

右手打手指字母"A"的指式，拇指尖朝左，手背向内，在胸前逆时针转动一圈。

欧洲 Ōuzhōu

一手拇指贴于掌心，其他四指弯曲，掌心向外，表示欧洲英文首字母"E"的指式，逆时针转动一圈。

非洲 Fēizhōu

一手食、中、无名、小指并拢，掌心向外，边从上向下移动边五指撮合，仿非洲地图的形状。

大洋洲 Dàyángzhōu

右手拇、食指捏成圆形，虎口贴于左肩，然后向右腰部做弧形移动。

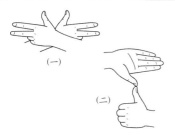

北美洲 Běiměizhōu

（一）双手伸拇、食、中指，手背向外，手腕交叉相搭，仿"北"字形。

（二）左手伸拇指，指尖朝上，手背向外；右手食、中、无名、小指横伸并拢（或张开），拇指尖朝下，抵于左手拇指尖，手背向内。

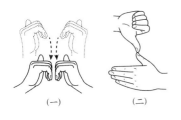

南美洲 Nánměizhōu

（一）双手五指弯曲，食、中、无名、小指指尖朝下，手腕向下转动一下。

（二）左手食、中、无名、小指横伸并拢（或张开），拇指尖朝上，手背向外；右手伸拇指，指尖朝下，抵于左手拇指尖，手背向内。

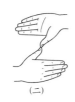

中美洲 Zhōngměizhōu

（一）左手拇、食指与右手食指搭成"中"字形。

（二）双手横立，拇指尖上下相抵，左手在上，手背向内，右手在下，手背向外。

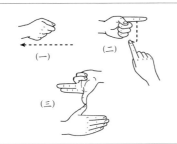

拉丁美洲 Lādīng Měizhōu

（一）一手握拳，向内拉动一下。

（二）左手食指横伸，手背向外；右手伸食指，指尖朝前，在左手食指下书空"亅"，仿"丁"字形。

（三）左手伸拇、食、中指，拇指尖朝下，食、中指横伸并拢，手背向内；右手食、中、无名、小指横伸并拢（或张开），拇指尖朝上，抵于左手拇指尖，手背向外。

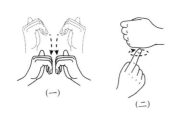

南极洲 Nánjízhōu

（一）双手五指弯曲，食、中、无名、小指指尖朝下，手腕向下转动一下。

（二）左手握拳，手背向外，虎口朝上；右手伸食指，指尖朝上，在左手底部转动一小圈，表示南极洲的位置。

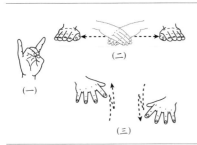

太平洋 Tàipíng Yáng

（一）一手打手指字母"T"的指式。

（二）双手五指并拢，掌心向下，交叉相搭，然后分别向两侧移动。

（三）双手平伸，掌心向下，五指张开，上下交替移动，表示起伏的波浪。

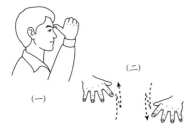

印度洋 Yìndù Yáng

（一）一手伸拇指，指面向上，指尖抵于眉心。

（二）双手平伸，掌心向下，五指张开，上下交替移动，表示起伏的波浪。

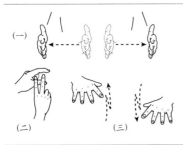

大西洋 Dàxī Yáng

（一）双手侧立，掌心相对，同时向两侧移动，幅度要大些。

（二）左手拇、食指成"匚"形，虎口朝内；右手食、中指直立分开，手背向内，贴于左手拇指，仿"西"字部分字形。

（三）双手平伸，掌心向下，五指张开，上下交替移动，表示起伏的波浪。

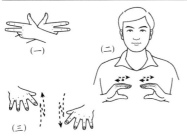

北冰洋 Běibīng Yáng

（一）双手伸拇、食、中指，手背向外，手腕交叉相搭，仿"北"字形。

（二）双手五指成"匚匚"形，虎口朝内，左右微动几下，表示结冰。

（三）双手平伸，掌心向下，五指张开，上下交替移动，表示起伏的波浪。

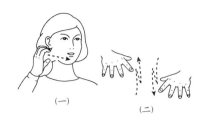

阿拉伯海　Ālābó Hǎi

（一）右手五指微曲，指尖抵于右耳下部，然后向颏部划动一下，仿阿拉伯男子胡子的样子。

（二）双手平伸，掌心向下，五指张开，上下交替移动，表示起伏的波浪。

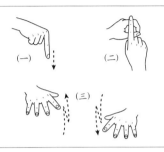

地中海　Dìzhōng Hǎi

（一）一手伸食指，指尖朝下一指。

（二）左手拇、食指与右手食指搭成"中"字形。

（三）双手平伸，掌心向下，五指张开，上下交替移动，表示起伏的波浪。

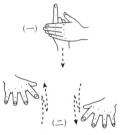

里海　Lǐ Hǎi

（一）左手横立；右手食指直立，在左手掌心内从上向下移动。

（二）双手平伸，掌心向下，五指张开，上下交替移动，表示起伏的波浪。

死海　Sǐ Hǎi

（一）右手伸拇、小指，先直立，再向右转腕。

（二）双手平伸，掌心向下，五指张开，上下交替移动，表示起伏的波浪。

红海　Hóng Hǎi

（一）一手打手指字母"H"的指式，摸一下嘴唇。

（二）双手平伸，掌心向下，五指张开，上下交替移动，表示起伏的波浪。

黑海　Hēi Hǎi

（一）一手打手指字母"H"的指式，摸一下头发。

（二）双手平伸，掌心向下，五指张开，上下交替移动，表示起伏的波浪。

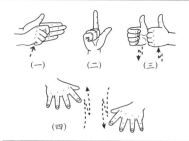

加勒比海　Jiālèbǐ Hǎi

（一）左手侧立；右手拇、食指捏成圆形，虎口朝左，贴向左手掌心。

（二）一手打手指字母"L"的指式。

（三）双手伸拇指，上下交替动两下。

（四）双手平伸，掌心向下，五指张开，上下交替移动，表示起伏的波浪。

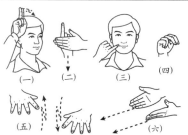

马里亚纳海沟　Mǎlǐyànà Hǎigōu

（一）一手食、中指直立并拢，虎口贴于太阳穴，向前微动两下，仿马的耳朵。

（二）左手横立；右手食指直立，在左手掌心内从上向下移动。

（三）一手伸小指，指尖抵于嘴角一侧。"哑"与"亚"音形相近，借代。

（四）一手打手指字母"N"的指式。

（五）双手平伸，掌心向下，五指张开，上下交替移动，表示起伏的波浪。

（六）双手斜伸，掌心左右相对，上宽下窄，向前移动。

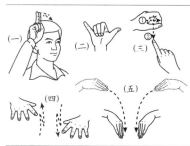

马六甲海峡　Mǎliùjiǎ Hǎixiá

（一）一手食、中指直立并拢，虎口贴于太阳穴，向前微动两下，仿马的耳朵。

（二）一手拇、小指直立，掌心向外。

（三）左手拇、食指捏成圆形，虎口朝内；右手伸食指，在左手虎口上先横划一下，再竖划一下，仿"甲"字形。

（四）双手平伸，掌心向下，五指张开，上下交替移动，表示起伏的波浪。

（五）双手手背拱起，指尖左右相对，然后同时向中间下方转动，指背相对。

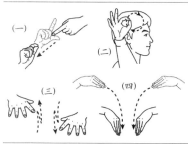

直布罗陀海峡　Zhíbùluótuó Hǎixiá

（一）左手伸食指，指尖朝右下方；右手伸拇、食指，虎口抵于左手食指尖，然后边向右下方移动边相捏（此为国外聋人手语）。

（二）右手拇、食指相捏，其他三指直立分开，在头一侧转动两下（此为国外聋人手语）。

（三）双手平伸，掌心向下，五指张开，上下交替移动，表示起伏的波浪。

（四）双手手背拱起，指尖左右相对，然后同时向中间下方转动，指背相对。

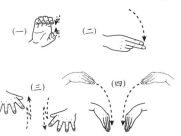

白令海峡　Báilìng Hǎixiá

（一）一手五指弯曲，掌心向外，指尖弯动两下。

（二）一手食、中指并拢，向下一挥。

（三）双手平伸，掌心向下，五指张开，上下交替移动，表示起伏的波浪。

（四）双手手背拱起，指尖左右相对，然后同时向中间下方转动，指背相对。

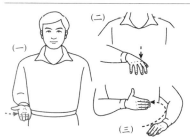

孟加拉湾　Mèngjiālā Wān

（一）一手食、中、无名、小指并拢，掌心向上，碰一下腰部。

（二）一手五指微曲张开，掌心向下一按。

（三）左手斜伸，手背向上；右手食、中、无名、小指并拢，掌心向外，沿左臂内侧划动半圈。

波斯湾　Bōsī Wān

（一）双手平伸，掌心向下，五指张开，一前一后，一高一低，同时向前做大的起伏状移动。

（二）一手打手指字母"S"的指式。

（三）左手斜伸，手背向上；右手食、中、无名、小指并拢，掌心向外，沿左臂内侧划动半圈。

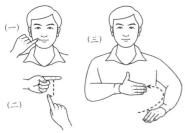

亚丁湾　Yàdīng Wān

（一）一手伸小指，指尖抵于嘴角一侧。"哑"与"亚"音形相近，借代。

（二）左手食指横伸，手背向外；右手伸食指，指尖朝前，在左手食指下书空"亅"，仿"丁"字形。

（三）左手斜伸，手背向上；右手食、中、无名、小指并拢，掌心向外，沿左臂内侧划动半圈。

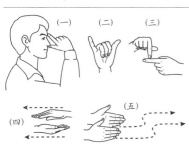

苏伊士运河　Sūyīshì Yùnhé

（一）一手拇、食指成"⌐"形，拇指尖抵于鼻尖，食指尖抵于眉心。

（二）一手打手指字母"Y"的指式。

（三）左手食指与右手拇、食指搭成"士"字形。

（四）双手横伸，掌心上下相对，向一侧移动一下。

（五）双手侧立，掌心相对，相距窄些，向前做曲线形移动。

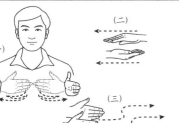

巴拿马运河　Bānámǎ Yùnhé

（一）双手横立，掌心向内，中指尖相抵，然后向外打开，重复一次。

（二）双手横伸，掌心上下相对，向一侧移动一下。

（三）双手侧立，掌心相对，相距窄些，向前做曲线形移动。

2. 国家 地区

蒙古　Měnggǔ

右手伸食指，指尖在右眉角处点一下。

（此为国外聋人手语）

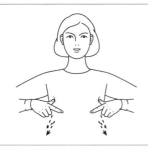

朝鲜①　Cháoxiǎn ①
　　双手伸拇、食指，虎口朝上，置于胸两侧，然后向斜下方移动，重复一次，仿朝鲜族妇女的服装式样。
　　（此为中国聋人手语）

朝鲜②　Cháoxiǎn ②
　　右手伸拇、食指，指尖分别朝左右斜上方，虎口朝内，然后向左下方做弧形移动，表示朝鲜版图。
　　（此为国外聋人手语）

韩国　Hánguó
　　一手五指与手掌成"┐"形，指尖抵于头一侧，然后向斜下方移动，指尖再碰向脸颊一侧。
　　（此为国外聋人手语）

日本①　Rìběn ①
　　左手虚握，虎口朝上；右手平伸，掌心向下，朝左手虎口处拍两下，表示日本国旗。
　　（此为中国聋人手语）

日本②　Rìběn ②
　　双手拇、食指张开，边向两侧做弧形移动边相捏，表示日本版图。
　　（此为国外聋人手语）

菲律宾　Fēilǜbīn
　　左手横伸；右手伸食、中指，拇指按于中指近节指，中指尖朝下，顺时针转动一圈后在左手背上一点。
　　（此为国外聋人手语）

越南 Yuènán

右手食、中指直立分开，掌心向外，做"S"形划动。

（此为越南北方聋人手语）

老挝 Lǎowō

一手五指弯曲，指尖朝下，在头一侧按动两下。

（此为国外聋人手语）

柬埔寨 Jiǎnpǔzhài

右手五指弯曲，掌心向下，置于身前，边向右做弧形移动边握拳，拳心向上。

（此为国外聋人手语）

缅甸 Miǎndiàn

双手合十，向前晃动两下。

（此为国外聋人手语）

泰国 Tàiguó

一手食指横伸，从鼻部向前下方一划。

（此为国外聋人手语）

马来西亚 Mǎláixīyà

双手直立，掌心左右相对，五指张开，在头两侧上下交替移动两下。

（此为国外聋人手语）

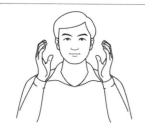

文莱 Wénlái

　　双手直立，掌心左右相对，手背微拱，置于头前两侧，表示文莱国旗图案上的两只手。

　　（此为国外聋人手语）

新加坡 Xīnjiāpō

　　双手握拳，拳心向下，左手不动，右手在上，顺时针转动多半圈后置于左手背上。

　　（此为国外聋人手语）

印度尼西亚 Yìndùníxīyà

　　右手食、中指并拢，手背向外，从左向右做波纹状移动。

　　（此为国外聋人手语）

东帝汶 Dōngdìwèn

　　双手伸拇、食指，虎口朝内，拇指尖分别抵于肩两侧。

　　（此为国外聋人手语）

尼泊尔 Níbó'ěr

　　一手拇、食指张开，指尖朝前，从左向右做波纹状移动，表示尼泊尔版图。

　　（此为国外聋人手语）

不丹 Bùdān

　　左手五指收拢，指尖朝上；右手伸食指，指尖朝下，绕左手顺时针转动一圈。

　　（此为国外聋人手语）

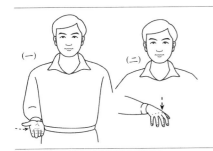

孟加拉国　Mèngjiālāguó

（一）一手食、中、无名、小指并拢，掌心向上，碰一下腰部。

（二）一手五指微曲张开，掌心向下一按。

（此为国外聋人手语）

印度　Yìndù

一手伸拇指，指面向上，指尖抵于眉心。

（此为国外聋人手语）

巴基斯坦　Bājīsītǎn

左手食指直立，手背向左；右手拇、食指相捏，先置于左手食指边，然后向右移动，两指张开成半圆形，表示巴基斯坦国旗上的星月图案。

（此为国外聋人手语）

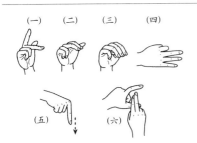

克什米尔地区　Kèshímǐ'ěr Dìqū

（一）一手打手指字母"K"的指式。

（二）一手打手指字母"SH"的指式。

（三）一手打手指字母"M"的指式。

（四）一手打手指字母"E"的指式。

（五）一手伸食指，指尖朝下一指。

（六）左手拇、食指成"⊏"形，虎口朝内；右手食、中指相叠，手背向内，置于左手"⊏"形中，仿"区"字形。

斯里兰卡　Sīlǐlánkǎ

左手直立，掌心向右；右手伸食指，指尖朝左，绕左手上下转动一圈，表示斯里兰卡版图。

（此为国外聋人手语）

马尔代夫　Mǎ'ěrdàifū

一手打手指字母"C"的指式，指尖朝前，置于头一侧。

（此为国外聋人手语）

哈萨克斯坦　Hāsàkèsītǎn

　　右手拇、中、无名指相捏，食、小指指尖朝左，手背向上，食指先贴一下前额，再贴一下颏部。

　　（此为国外聋人手语）

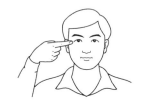

吉尔吉斯斯坦　Jí'ěrjísīsītǎn

　　一手食指横伸，手背向外，置于同侧眼旁。

　　（此为国外聋人手语）

塔吉克斯坦　Tǎjíkèsītǎn

　　一手食、中、无名指并拢，指尖朝下，虎口贴于头一侧，表示花冠上悬垂的二支小铁管。

　　（此为国外聋人手语）

乌兹别克斯坦　Wūzībiékèsītǎn

　　一手握拳，手背向后，置于头一侧，然后转腕，变为手背向前，重复一次。

　　（此为国外聋人手语）

土库曼斯坦　Tǔkùmànsītǎn

　　右手食、中、无名指直立分开，掌心向左，碰两下太阳穴。

　　（此为国外聋人手语）

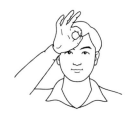

阿富汗　Āfùhàn

　　一手拇、食指相捏，其他三指伸出，虎口朝内，贴于前额。

　　（此为国外聋人手语）

伊拉克 Yīlākè

右手直立，掌心向左，拇指外侧碰两下前额。

（此为国外聋人手语）

伊朗 Yīlǎng

左手横伸；右手伸拇指，指尖朝下，向下碰两下左手掌心。

（此为国外聋人手语）

叙利亚 Xùlìyà

左手侧立；右手食、中指横伸分开，指尖朝左，手背向上，点一下左手掌心，表示叙利亚国旗上的两颗星。

（此为国外聋人手语）

约旦 Yuēdàn

一手伸拇、食指，拇指尖碰两下前额，食指尖朝上。

（此为国外聋人手语）

黎巴嫩 Líbānèn

双手伸拇、食、中指，食、中指并拢，指尖相对，虎口朝内，边连续做开合的动作边向两侧斜下方移动，表示黎巴嫩国旗上的雪松。

（此为国外聋人手语）

以色列 Yǐsèliè

一手五指聚拢，指尖朝上，从颏部向下移动两下。

（此为国外聋人手语）

巴勒斯坦　Bālèsītǎn

　　右手五指张开，拇指尖抵于左胸部，掌心向左，然后依次弯回小、无名、中、食指。

　　（此为国外聋人手语）

沙特阿拉伯　Shātè Ālābó

　　右手食、中指分开，手背向上，碰一下头右侧。

　　（此为国外聋人手语）

巴林　Bālín

　　右手握拳，手背向下，朝右腹部捶两下。

　　（此为国外聋人手语）

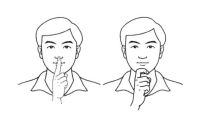

卡塔尔　Kǎtǎ'ěr

　　一手食指直立，贴于嘴部，然后弯曲，贴于颏部。

　　（此为国外聋人手语）

科威特　Kēwēitè

　　双手食、中指并拢，交叉相搭，左手在下不动，右手向右后方移动一下。

　　（此为国外聋人手语）

阿拉伯联合酋长国　Ālābó Liánhé Qiúzhǎngguó

　　右手五指微曲，指尖抵于右耳下部，然后向颏部划动一下，仿阿拉伯男子胡子的样子。

　　（此为国外聋人手语）

阿曼　Āmàn

一手横立，掌心向内，五指张开，从下向上移动，拇指尖碰一下颏部。

（此为国外聋人手语）

也门　Yěmén

一手伸拇、小指，手背向外，在腰部一侧向下移动一下。

（此为国外聋人手语）

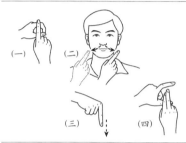

中东地区　Zhōngdōng Dìqū

（一）左手拇、食指与右手食指搭成"中"字形。

（二）一手伸食指，在嘴两侧书写"丷"，仿"东"字部分字形。

（三）一手伸食指，指尖朝下一指。

（四）左手拇、食指成"匚"形，虎口朝内；右手食、中指相叠，手背向内，置于左手"匚"形中，仿"区"字形。

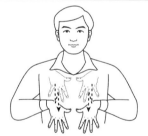

格鲁吉亚　Gélǔjíyà

双手五指张开，指尖朝下，掌心向内，从胸部两侧同时向下移动两下。

（此为国外聋人手语）

阿塞拜疆　Āsàibàijiāng

右手伸食指，虎口朝内，从前额左侧划向右侧，再向下划至齐右嘴角高度，然后向后移动。

（此为国外聋人手语）

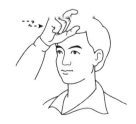

土耳其　Tǔ'ěrqí

右手拇、食指成半圆形，虎口朝内，碰两下前额。

（此为国外聋人手语）

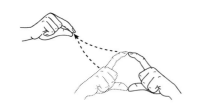

塞浦路斯　Sàipǔlùsī

　　双手拇、食指弯曲，指尖左右相抵，虎口朝内，然后左手不动，右手边向右上方移动边相捏，表示塞浦路斯版图。

　　（此为国外聋人手语）

芬兰　Fēnlán

　　一手食指微曲，指尖朝内，在颏部点两下。

　　（此为国外聋人手语）

瑞典　Ruìdiǎn

　　左手横伸；右手五指张开，掌心向下，置于左手背上，边向上移动边撮合，重复一次。

　　（此为国外聋人手语）

挪威　Nuówēi

　　一手伸食、中指，书空"N"形，表示挪威英文国名首字母。

　　（此为国外聋人手语）

冰岛　Bīngdǎo

　　一手伸拇指，指尖贴于颏部，然后向下移动两下。

　　（此为国外聋人手语）

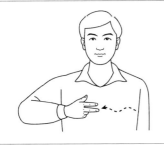

丹麦　Dānmài

　　右手拇、食、中指分开，手背向外，从左向右做波纹状移动。

　　（此为国外聋人手语）

爱沙尼亚　Àishāníyà

一手伸拇指，指尖抵于颏部，然后向下移动一下。

（此为国外聋人手语）

拉脱维亚　Lātuōwéiyà

一手伸拇、食指，拇指尖抵于胸部，食指尖朝上，然后转腕，食指尖朝下。

（此为国外聋人手语）

立陶宛　Lìtáowǎn

右手食、中指横伸稍分开，手背向上，置于额头，然后沿前额从左向右移动。

（此为国外聋人手语）

白俄罗斯　Bái'éluósī

双手食指交叉相搭，虎口朝上，顺时针平行转动一圈。

（此为国外聋人手语）

俄罗斯　Éluósī

一手食指横伸，先在颏部横向移动一下，再向下一甩。

（此为国外聋人手语）

乌克兰　Wūkèlán

右手食指弯曲，拇指尖抵于食指中部，掌心向左，置于嘴角右侧，先向右微移再向下一甩。

（此为国外聋人手语）

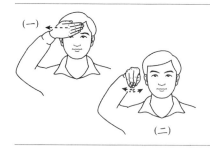

摩尔多瓦 Mó'ěrduōwǎ

（一）一手横立，掌心向内，五指并拢，从前额一侧向另一侧移动。

（二）一手五指撮合，指尖朝下，置于头一侧，然后左右微晃几下，表示当地民族的头饰。

（此为国外聋人手语）

波兰 Bōlán

右手五指撮合，指尖贴于左胸部，然后移向右胸部。

（此为国外聋人手语）

捷克 Jiékè

一手横立，掌心向内，贴于颊部，然后向外移动两下。

（此为国外聋人手语）

斯洛伐克 Sīluòfákè

双手食指直立，指尖贴于前额，掌心向内，然后边向头两侧移动边转腕，掌心向外。

（此为国外聋人手语）

匈牙利 Xiōngyálì

一手食指弯曲，拇指尖抵于食指中部，从嘴部向前下方移动，虎口朝上。

（此为国外聋人手语）

德国 Déguó

一手食指直立，手背贴于前额正中。

（此为国外聋人手语）

奥地利　Àodìlì

双手手腕交叉相搭，置于胸前，食指（或食、中指）弯曲，指尖弯动两下。

（此为国外聋人手语）

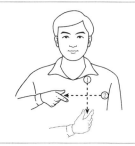

瑞士　Ruìshì

右手拇、食指张开，指尖朝内，在左胸部先竖划一下，再横划一下，表示瑞士国旗上的"十"字形。

（此为国外聋人手语）

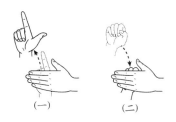

列支敦士登　Lièzhīdūnshìdēng

（一）左手横立；右手伸拇、食指，掌心向外，从左手掌心内向右上方移出。

（二）左手横立；右手握拳，手背向内，从右上方移入左手掌心内。

（此为国外聋人手语）

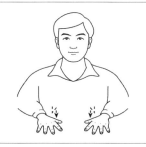

英国　Yīngguó

双手平伸，掌心向下，五指稍张开，按动两下。

（此为国外聋人手语）

爱尔兰　Ài'ěrlán

一手五指并拢，掌心向下，贴于前额一侧，然后向外翻动两下，表示军帽帽檐上翻的式样。

（此为国外聋人手语）

荷兰　Hólán

双手五指成"∠△"形，虎口朝内，置于头两侧，然后边向两侧下方移动边撮合。

（此为国外聋人手语）

比利时　Bǐlìshí

　　右手打手指字母"B"的指式，掌心向左，置于嘴角右侧，然后向前一挥。

　　（此为国外聋人手语）

卢森堡　Lúsēnbǎo

　　一手打手指字母"L"的指式，表示卢森堡英文国名首字母，左右微晃几下。

　　（此为国外聋人手语）

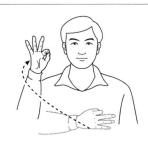

法国　Fǎguó

　　一手拇、食指相捏，中、无名、小指横伸分开，手背向外，置于左胸部，然后翻转为掌心向外，中、无名、小指直立。

　　（此为国外聋人手语）

摩纳哥　Mónàgē

　　一手打手指字母"M"的指式，表示摩纳哥英文国名首字母，手背向外，移向颏部。

　　（此为国外聋人手语）

亚美尼亚　Yàměiníyà

　　左手伸拇指；右手拇、食、中指相捏，指尖朝下，在左手上方互捻几下。

　　（此为国外聋人手语）

罗马尼亚　Luómǎníyà

　　双手五指成"∠∠"形，虎口朝内，边向两侧移动边撮合。

　　（此为国外聋人手语）

保加利亚　Bǎojiālìyà

一手五指成半圆形，虎口朝内，置于鼻部，然后向下移动并握拳，虎口朝上。

（此为国外聋人手语）

塞尔维亚　Sài'ěrwéiyà

一手拇、食、中指相捏，指尖朝上，逆时针平行转动两下。

（此为国外聋人手语）

黑山　Hēishān

一手食、中指弯曲，指尖抵于头一侧，前后移动两下。

（此为国外聋人手语）

北马其顿　Běimǎqídùn

一手横立，手背向外，五指张开，拇指尖抵于颏部，其他四指交替点动几下。

（此为国外聋人手语）

阿尔巴尼亚　Ā'ěrbāníyà

双手横立，手背向外，手腕交叉相搭，五指张开，表示阿尔巴尼亚国旗上的双鹰。

（此为国外聋人手语）

希腊　Xīlà

双手伸食指，指尖朝斜前方，左手在下不动，右手食指向下碰两下左手食指，表示希腊国旗上的"十"字形。

（此为国外聋人手语）

斯洛文尼亚　Sīluòwénníyà

右手食、中指直立并拢，掌心向左，在头一侧逆时针转动一圈。

（此为国外聋人手语）

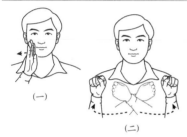

克罗地亚　Kèluódìyà

右手五指张开，掌心向内，在左胸部先竖划一下，再横划一下。

（此为国外聋人手语）

波斯尼亚和黑塞哥维那（波黑）
Bōsīníyà Hé Hēisàigēwéinà（Bōhēi）

（一）右手打手指字母"B"的指式，掌心向左，置于嘴角右侧，然后向外移动一下。

（二）双手握拳，手背向外，手腕交叉相搭，然后边转腕边向两侧移动，手背向内。

（此为国外聋人手语）

意大利　Yìdàlì

右手拇、食指弯曲，指尖朝前，虎口朝上，从上向下做曲线形移动，表示意大利版图。

（此为国外聋人手语）

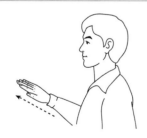

圣马力诺　Shèngmǎlìnuò

右手斜伸，掌心向前下方，向前上方移动一下。

（此为国外聋人手语）

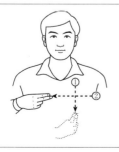

马耳他　Mǎ'ěrtā

右手食、中指并拢，指尖朝内，在左胸部先竖划一下，再横划一下，表示十字形。

（此为国外聋人手语）

西班牙　Xībānyá

右手拇、食指相捏，虎口朝上，然后向内转腕，虎口贴于左胸部。

（此为国外聋人手语）

葡萄牙　Pú·táoyá

一手伸拇、食、中指，食、中指分开，手背向上，拇指尖抵于胸部，然后向前下方做弧形移动。

（此为国外聋人手语）

安道尔　Āndào'ěr

一手中、无名、小指横伸分开，手背向外，顺时针平行转动一圈。

（此为国外聋人手语）

埃及（金字塔）　Āijí (jīnzìtǎ)

双手搭成"∧"形，置于头前上方，然后向两侧斜下方移动一下。

（此为国外聋人手语）

利比亚　Lìbǐyà

一手食、中、无名、小指并拢，指尖在脸颊一侧向下摸一下。

（此为国外聋人手语）

苏丹　Sūdān

一手伸拇指，指尖朝内，在脸颊上向下划两下。

（此为国外聋人手语）

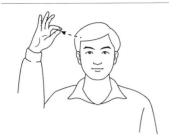

突尼斯　Tūnísī

　　一手拇、食指相捏，指尖抵于发际，其他三指直立，然后向后移动少许。

　　（此为国外聋人手语）

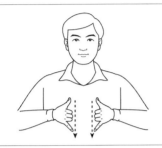

阿尔及利亚　Ā'ěrjílìyà

　　双手伸拇、小指，指尖相对，手背向外，从胸部同时向下移动一下。

　　（此为国外聋人手语）

摩洛哥　Móluògē

　　双手横立，掌心向内，一上一下，置于脸前，然后同时左右微移两下，仅露出眼睛。

　　（此为国外聋人手语）

埃塞俄比亚　Āisài'ébǐyà

　　右手伸拇指，手背向外，自右嘴角顺时针绕脸部转动一圈。

　　（此为国外聋人手语）

索马里　Suǒmǎlǐ

　　右手伸拇、食指，指尖抵于脸颊一侧，然后边向右移动边相捏。

　　（此为国外聋人手语）

吉布提　Jíbùtí

　　左手横立，手背向外，拇、食、中指与无名、小指分别并拢；右手食指横伸，手背向外，置于左手中、无名指指缝间。

　　（此为国外聋人手语）

肯尼亚　Kěnníyà

一手食指弯曲，拇指尖抵于食指中部，虎口朝内，手腕转动半圈，手背向外。

（此为国外聋人手语）

坦桑尼亚　Tǎnsāngníyà

右手伸拇、食指，食指尖朝左，手背向外，在脸颊一侧做"Z"形划动。

（此为国外聋人手语）

乌干达　Wūgāndá

左手横伸；右手拇、食指成"コ"形，虎口朝上，向下移至左手掌心。

（此为国外聋人手语）

卢旺达　Lúwàngdá

双手握拳，手背向外，交替捶胸部两侧。

（此为国外聋人手语）

布隆迪　Bùlóngdí

左手横伸；右手打手指字母"B"的指式，表示布隆迪英文国名的首字母，拍两下左手背。

（此为国外聋人手语）

塞舌尔　Sàishé'ěr

双手直立，掌心左右相对，五指微曲张开，向下做弧形移动。

（此为国外聋人手语）

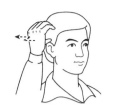
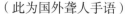

乍得   Zhàdé

一手打手指字母"C"的指式，表示乍得英文国名首字母，置于耳部上方，向后移动两下，表示当地酋长戴的帽子。

（此为国外聋人手语）

中非   Zhōng Fēi

双手横伸，掌心上下相对，左手在下不动，右手顺时针转动多半圈后变为手垂立，掌心向左，移至左手掌心，表示中非位于非洲中部。

（此为国外聋人手语）

喀麦隆   Kāmàilóng

双手打手指字母"C"的指式，上下相叠，左手在下不动，右手逆时针平行转动一圈。

（此为国外聋人手语）

赤道几内亚   Chìdào Jǐnèiyà

左手五指并拢，指尖朝下，手背向外；右手伸食指，点一下左手食指根部，表示赤道几内亚位于非洲西部中间。

（此为国外聋人手语）

加蓬   Jiāpéng

右手食指微曲，指尖朝左，在嘴部做"⌐"形移动，仿当地酋长胡子的形状。

（此为国外聋人手语）

刚果（布）   Gāngguǒ（Bù）

右手打手指字母"C"的指式，拇指碰两下右侧额头。

（此为国外聋人手语）

刚果（金） Gāngguǒ（Jīn）

双手平伸，五指微曲，指尖朝下，按动两下。

（此为国外聋人手语）

圣多美和普林西比 Shèngduōměi Hé Pǔlínxībǐ

双手拇指相搭，其他四指分开，掌心向外，表示该国国旗上的两颗星星所代表的圣多美岛和普林西比岛。

（此为国外聋人手语）

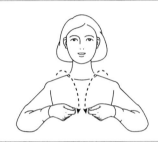

毛里塔尼亚 Máolǐtǎníyà

双手食指弯曲，拇指按于食指中部，从肩上向下做弧形移动，仿毛里塔尼亚民族服装的前襟式样。

（此为国外聋人手语）

塞内加尔 Sàinèijiā'ěr

左手握拳，手背向上；右手握拳，手背向内，贴于左手腕，然后边向左移动边打手指字母"L"的指式，表示塞内加尔英文国名首字母"S"和末字母"L"。

（此为国外聋人手语）

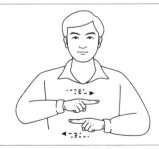

冈比亚 Gāngbǐyà

双手食指横伸，手背向上，一上一下，从两侧向中间交错移动两下。

（此为国外聋人手语）

马里 Mǎlǐ

左手横伸；右手打手指字母"M"的指式，表示马里英文国名首字母，先顺时针平行转动多半圈，再落于左手背上。

（此为国外聋人手语）

布基纳法索   Bùjīnàfǎsuǒ

　　左手横伸；右手打手指字母"B"的指式，手腕贴于左小臂，然后边向左手指尖方向移动边拇、食指相捏，其他三指伸出，表示布基纳法索英文国名的两个首字母"B"和"F"。

　　（此为国外聋人手语）

几内亚   Jǐnèiyà

　　左手横伸；右手拇、食指张开，虎口朝上，从右上方向下再朝左上方做弧形移动，鱼际部蹭一下左手背。

　　（此为国外聋人手语）

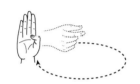

几内亚比绍   Jǐnèiyà Bǐshào

　　一手拇、食指微张，虎口朝上，表示英文字母"G"的指式，然后边顺时针平行转动边打手指字母"B"的指式，表示几内亚比绍英文国名首字母。

　　（此为国外聋人手语）

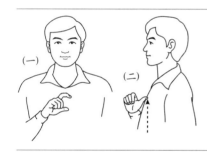

佛得角   Fódéjiǎo

　　（一）一手拇、食指成半圆形，虎口朝内，置于胸前。

　　（二）一手伸拇指，指尖朝内，从上腹部划至胸部。

　　（此为国外聋人手语）

塞拉利昂   Sàilālì'áng

　　双手握拳，左手在下，右手边向下砸向左手虎口边伸出拇、食指。

　　（此为国外聋人手语）

利比里亚   Lìbǐlǐyà

　　左手横立，掌心向内，五指张开，表示非洲大陆；右手打手指字母"L"的指式，手背向内，表示利比里亚英文国名首字母，在左手掌心内顺时针转动两圈。

　　（此为国外聋人手语）

科特迪瓦　Kētèdíwǎ

　　左手横伸，手背向上；右手打手指字母"C"的指式，指尖朝前，手腕贴于左小臂，边向左手指尖方向移动边伸出小指。

　　（此为国外聋人手语）

加纳　Jiānà

　　左手横伸；右手拇、食指微张，虎口朝上，表示加纳英文国名首字母，在左手掌心上向左移动两下。

　　（此为国外聋人手语）

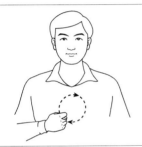

多哥　Duōgē

　　右手握拳，手背向外，拇指插入食、中指指缝间，在胸前从上向下逆时针转动两圈。

　　（此为国外聋人手语）

贝宁　Bèiníng

　　右手打手指字母"B"的指式，表示贝宁英文国名首字母，掌心向左，从上向下做两次曲线形移动。

　　（此为国外聋人手语）

尼日尔　Nírì'ěr

　　一手中、无名、小指分开，指尖朝下，手背向外，向下一顿。

　　（此为国外聋人手语）

尼日利亚　Nírìlìyà

　　一手打英文手指字母"N"的指式，在脸颊一侧向前转动一圈。

　　（此为国外聋人手语）

赞比亚　Zànbǐyà

　　双手五指撮合，手背向上，手腕交叉相搭。

　　（此为国外聋人手语）

安哥拉　Āngēlā

　　左手直立，掌心向外，五指张开；右手食指直立，从后向前敲一下左手拇指。

　　（此为国外聋人手语）

津巴布韦　Jīnbābùwéi

　　左手横伸；右手屈肘，肘部立于左手背上，五指与手掌成"┐"形，指尖朝前，向后移动两下。

　　（此为国外聋人手语）

马拉维　Mǎlāwéi

　　一手食指弯曲，拇指尖抵于食指中部，虎口朝耳部一侧，逆时针平行转动一圈。

　　（此为国外聋人手语）

莫桑比克　Mòsāngbǐkè

　　双手五指微曲，指尖抵于颏部，然后分别向两侧腮部移动。

　　（此为国外聋人手语）

博茨瓦纳　Bócíwǎnà

　　右手打手指字母"B"的指式，掌心向左，在面前前后晃动两下。

　　（此为国外聋人手语）

纳米比亚　Nàmǐbǐyà

一手食指弯曲，其他四指伸出，指尖朝下，手背向外，向下移动两下。

（此为国外聋人手语）

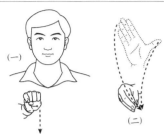

南非　Nán Fēi

（一）一手握拳，手背向内，从上向下移动一下。

（二）一手食、中、无名、小指并拢，掌心向外，边从上向下移动边五指撮合。

（此为国外聋人手语）

斯威士兰　Sīwēishìlán

双手直立，掌心左右相对，五指张开，在头两侧同时向斜上方移动。

（此为国外聋人手语）

莱索托　Láisuǒtuō

双手斜伸，手背向斜上方，边从头两侧向头顶上方移动边指尖搭成"∧"形，仿莱索托民众常见的发型。

（此为国外聋人手语）

马达加斯加　Mǎdájiāsījiā

左手横伸，手背拱起；右手掌向右摸两下左手背。

（此为国外聋人手语）

科摩罗　Kēmóluó

左手拇、食指成"匚"形，虎口朝内；右手食、中、无名、小指横伸分开，掌心向内，置于左手旁，表示科摩罗国旗上的四颗星。

（此为国外聋人手语）

毛里求斯　Máolǐqiúsī

左手直立，掌心向外；右手伸小指，指尖朝内，绕左手上下转动一圈，表示毛里求斯版图。

（此为国外聋人手语）

澳大利亚　Àodàlìyà

双手拇、中、无名指相捏，食、小指直立，然后向前一跃，同时张开五指。

（此为国外聋人手语）

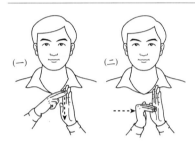

新西兰　Xīnxīlán

（一）左手直立，掌心向右；右手食、中指并拢，指尖抵于左手指尖，手背向上，然后向下移动。

（二）左手直立，掌心向右；右手五指与手掌成"┐"形，指尖顶向左手掌心。

（此为国外聋人手语）

巴布亚新几内亚　Bābùyà-Xīnjǐnèiyà

左手直立，掌心向右；右手伸拇、食、中指，指尖抵于左手，然后边向右移动边相捏。

（此为国外聋人手语）

所罗门群岛　Suǒluómén Qúndǎo

双手拇、食指相捏，其他三指伸出，虎口朝内，边向上移动边转动几下，表示所罗门群岛岛屿众多。

（此为国外聋人手语）

瓦努阿图　Wǎnǔ'ātú

左手直立，掌心向右，五指张开；右手打手指字母"V"的指式，表示瓦努阿图英文国名首字母，指尖抵于左手掌心，手背向右，然后边转动边向下移动。

（此为国外聋人手语）

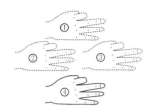

密克罗尼西亚　Mìkèluóníxīyà

　　一手中、无名、小指横伸分开，手背向外，按上、右、左、下的顺序移动，表示密克罗尼西亚国旗上的四颗星。

　　（此为国外聋人手语）

马绍尔群岛　Mǎshào'ěr Qúndǎo

　　左手横伸；右手伸食、中、无名指，指尖朝前，手背向上，在左手掌心上向前划一下。

　　（此为国外聋人手语）

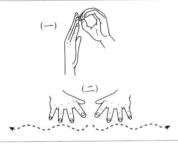

帕劳　Pàláo

　　（一）左手五指捏成圆形，虎口朝内；右手直立，掌心向左，指尖贴于左手指尖，表示帕劳英文国名首字母。

　　（二）双手斜伸，掌心向下，五指张开，从中间向两侧做起伏状移动，表示当地的草裙舞动作。

　　（此为国外聋人手语）

瑙鲁　Nǎolǔ

　　左手拇、中、无名指相捏，食、小指直立，掌心向右；右手食、中指并拢，指尖贴于左手掌心，然后向右下方做弧形移动，表示瑙鲁天堂鸟花的形状。

　　（此为国外聋人手语）

基里巴斯　Jīlǐbāsī

　　一手打手指字母"K"的指式，表示基里巴斯英文国名首字母，中指尖抵于前额，然后向外移出。

　　（此为国外聋人手语）

图瓦卢　Tuwalu

　　双手五指弯曲，虎口朝内，自头两侧同时向前额移动，表示图瓦卢民众头上戴的花环装饰。

　　（此为国外聋人手语）

萨摩亚   Sàmóyà

　　一手握拳，表示萨摩亚英文国名首字母，手背向内，逆时针平行转动一圈。

　　（此为国外聋人手语）

斐济   Fěijì

　　双手食、中指并拢，指尖分别朝左右斜前方，手背向上，左手在下不动，右手食、中指向下碰一下左手食、中指。

　　（此为国外聋人手语）

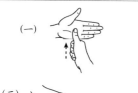

汤加   Tāngjiā

　　（一）左手横立，掌心向内；右手伸拇指，从下向上移至左手掌心，表示汤加英文国名首字母。

　　（二）双手平伸，掌心向下，五指张开，从中间向两侧做起伏状移动。

　　（此为国外聋人手语）

加拿大   Jiānádà

　　右手伸拇指，手背向外，在胸前向内移动两下。

　　（此为国外聋人手语）

美国   Měiguó

　　双手斜立，五指张开，交叉相搭，顺时针平行转动一圈。

　　（此为国外聋人手语）

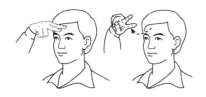

墨西哥   Mòxīgē

　　一手食、中指横伸分开，手背向上，置于前额，然后向前转腕，掌心向外。

　　（此为国外聋人手语）

危地马拉　Wēidìmǎlā

左手握拳，虎口朝上；右手伸拇、食、中指，手背向外，向下砸一下左手。

（此为国外聋人手语）

伯利兹　Bólìzī

一手打手指字母"B"的指式，在面前做"Z"形移动，表示伯利兹英文国名中的两个字母。

（此为国外聋人手语）

萨尔瓦多　Sà'ěrwǎduō

右手拇指贴于掌心，其他四指弯曲，掌心向外，置于左肩前，然后边向右下方移动边握拳，表示萨尔瓦多英文国名首字母"E"和"S"。

（此为国外聋人手语）

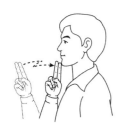

洪都拉斯　Hóngdūlāsī

右手食、中指直立并拢，掌心向左，从外向内碰两下颏部。

（此为国外聋人手语）

尼加拉瓜　Níjiālāguā

双手拇、食、中指搭成"△"形，虎口朝内，然后向两侧移动并相捏。

（此为国外聋人手语）

哥斯达黎加　Gēsīdálíjiā

右手打手指字母"C"的指式，虎口朝内，从左向右移动，然后食、中指相叠，指尖朝前，向下一顿，表示哥斯达黎加西班牙文国名的首字母。

（此为国外聋人手语）

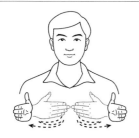

巴拿马 Bānámǎ

　　双手横立，掌心向内，中指尖相抵，然后向外打开，重复一次。

　　（此为国外聋人手语）

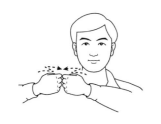

巴哈马 Bāhāmǎ

　　双手握拳，手背向外，虎口朝上，置于右肩前，然后互碰两下，模仿当地民族舞蹈双手握棒击打的动作。

　　（此为国外聋人手语）

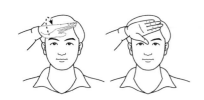

古巴 Gǔbā

　　一手横伸，掌心向下，置于前额，然后向外翻转，掌心向外。

　　（此为国外聋人手语）

牙买加 Yámǎijiā

　　左手横伸，掌心向下；右手食、中、无名、小指并拢，掌心向内，从右向左沿左手转动半圈。

　　（此为国外聋人手语）

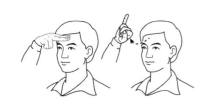

海地 Hǎidì

　　一手食、中指横伸并拢，手背向上，置于前额，然后边向外转腕边缩回并伸出小指。

　　（此为国外聋人手语）

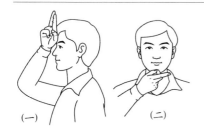

多米尼加 Duōmǐníjiā

　　（一）一手食、中指直立相叠，虎口贴于前额。

　　（二）一手食指横伸，拇、中指相捏，指尖朝内，贴于颏部。

　　（此为国外聋人手语）

安提瓜和巴布达　Āntíguā Hé Bābùdá

一手五指弯曲，指尖朝下，先边向右移动边顺时针转动两下，再向左逆时针转动一下，表示安提瓜和巴布达是多岛国家。

（此为国外聋人手语）

多米尼克　Duōmǐníkè

一手横立，掌心向内，拇指在前额划"十"字形，表示多米尼克国旗上的十字形。

（此为国外聋人手语）

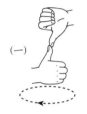
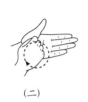

圣卢西亚　Shènglúxīyà

（一）双手伸拇指，指尖上下相抵，顺时针平行转动一圈。

（二）左手侧立；右手握拳，表示英文手指字母"S"的指式，手背向右，在左手掌心上顺时针转动一圈。

（此为国外聋人手语）

圣文森特和格林纳丁斯　Shèngwénsēntè Hé Gélínnàdīngsī

（一）左手侧立；右手握拳，表示英文手指字母"S"的指式，手背向右，在左手掌心上顺时针转动一圈。

（二）左手侧立；右手打手指字母"V"的指式，手背向右，在左手掌心上顺时针转动一圈。

（此为国外聋人手语）

格林纳达　Gélínnàdá

左手横伸；右手拇、食指微张，虎口朝上，表示格林纳达英文国名首字母，在左手掌心上顺时针转动一圈。

（此为国外聋人手语）

巴巴多斯　Bābāduōsī

左手横伸，手背向上；右手打手指字母"B"的指式，表示巴巴多斯英文国名首字母，在左手拇指边缘顺时针上下转动一圈。

（此为国外聋人手语）

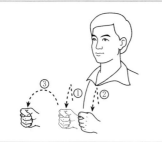

特立尼达和多巴哥　Tèlìnídá Hé Duōbāgē

双手握拳，虎口朝上，拇指插入食、中指指缝间，交替抬起并向下挥动，然后左手不动，右手向前下方挥动一下，模仿当地民族舞蹈击鼓的动作。

（此为国外聋人手语）

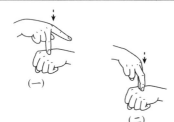

波多黎各　Bōduōlígè

（一）左手握拳，手背向上；右手伸食、中指，食指尖朝前，中指尖朝下，拇指抵于中指中部，中指尖点一下左手背。

（二）左手握拳，手背向上；右手食、中指相叠，指尖朝下，点一下左手背。

（此为国外聋人手语）

哥伦比亚　Gēlúnbǐyà

左手横伸；右手肘部立于左手背上，右手打手指字母"C"的指式，表示哥伦比亚英文国名首字母，顺时针转动一圈。

（此为国外聋人手语）

委内瑞拉　Wěinèiruìlā

右手打手指字母"V"的指式，在身体右侧左右晃动两下。

（此为国外聋人手语）

圭亚那　Guīyànà

双手斜伸，手背向外，五指张开，指尖朝下，左手置于身体后，右手置于身体前，同时向斜下方移动两下，表示当地人身着的草裙。

（此为国外聋人手语）

苏里南　Sūlǐnán

右手握拳，虎口贴于头左侧，然后转腕，移至头右侧，打手指字母"L"的指式，掌心向外，表示苏里南英文国名中的字母"S"和"L"。

（此为国外聋人手语）

厄瓜多尔　Èguāduō'ěr

左手横伸；右手拇指贴于掌心，其他四指弯曲，掌心向外，手腕向前碰两下左手。

（此为国外聋人手语）

秘鲁　Bìlǔ

右手食、中指直立分开，掌心向左，置于头右侧。

（此为国外聋人手语）

玻利维亚　Bōlìwéiyà

一手拇、中、无名指相捏，指尖朝前，食、小指直立，向前点动两下。

（此为国外聋人手语）

巴西　Bāxī

右手打手指字母"B"的指式，掌心向左，置于头右侧，然后向下做曲线形移动。

（此为国外聋人手语）

智利　Zhìlì

右手拇、中指相捏，其他三指伸出，置于左胸部，然后拇、中指张开。

（此为国外聋人手语）

阿根廷　Āgēntíng

右手五指微曲，指尖贴于右胸部，上下移动两下。

（此为国外聋人手语）

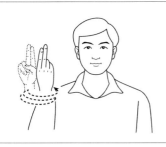

乌拉圭　Wūlāguī

　　一手食、中指直立并拢，掌心向外，然后翻转为掌心向内，重复一次。

　　（此为国外聋人手语）

巴拉圭　Bālāguī

　　左手横伸；右手打手指字母"K"的指式，中指尖朝下，在左手背上点两下。

　　（此为国外聋人手语）

3. 城市　景点

平壤　Píngrǎng

　　一手伸拇、食指，食指尖朝上，拇指尖先碰一下颊部，再碰一下前额。

　　（此为国外聋人手语）

首尔　Shǒu'ěr

　　一手食、中、无名指直立分开，掌心向内，碰两下颊部。

　　（此为国外聋人手语）

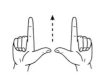

东京　Dōngjīng

　　双手伸拇、食指，拇指尖相对，食指尖朝上，掌心向外，向上移动一下。

　　（此为国外聋人手语）

河内　Hénèi

　　左臂抬起，左手握拳，手背向外；右手食、中指横伸并拢，手背向外，碰两下左手背。

　　（此为国外聋人手语）

万象　Wànxiàng

　　左手平伸，五指张开；右手食、中指直立分开，手背向内，置于左手掌心上。

　　（此为国外聋人手语）

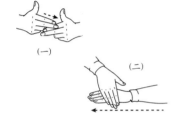

金边　Jīnbiān

　　（一）双手伸拇、食、中指，食、中指并拢，交叉相搭，右手中指蹭一下左手食指。

　　（二）左手横伸，掌心向下；右手食、中、无名、小指并拢，指尖朝下，沿左小臂向指尖方向划动一下。

曼谷　Màngǔ

　　左手直立，掌心向右；右手五指撮合，指尖朝左，碰两下左手掌心。

　　（此为国外聋人手语）

新德里　Xīndélǐ

　　左手食指直立，手背向左；右手拇、食指弯曲，虎口朝内，碰两下左手食指。

　　（此为国外聋人手语）

孟买　Mèngmǎi

　　双手五指撮合，指尖左右相对，互碰两下。

　　（此为国外聋人手语）

加尔各答　Jiā'ěrgèdá

　　双手食、中、无名、小指并拢，掌心向上，交替碰两下腰部。

　　（此为国外聋人手语）

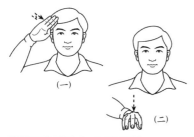

伊斯兰堡　Yīsīlánbǎo

　　（一）一手食、中、无名、小指并拢（或分开），拇指弯回，掌心向斜前方，碰两下前额。

　　（二）一手五指弯曲，指尖朝下，按动一下。

　　（此为国外聋人手语）

卡拉奇　Kǎlāqí

　　左手拇、食指弯曲，虎口朝内，置于右侧；右手食指直立，虎口朝内，置于左侧，然后双手同时从两侧向中间移动，手背相贴。

　　（此为国外聋人手语）

莫斯科　Mòsīkē

　　一手伸拇指，食、中、无名、小指指背朝脸颊一侧碰两下。

　　（此为国外聋人手语）

红场　Hóngchǎng

　　（一）一手打手指字母"H"的指式，摸一下嘴唇。

　　（二）一手伸食指，指尖朝下划一大圈。

圣彼得堡　Shèngbǐdébǎo

　　左手五指微曲张开，拇指按于右肩，然后向下转腕。

　　（此为国外聋人手语）

柏林　Bólín

一手拇、食指捏成圆形，虎口贴于太阳穴，然后向上移至头顶一侧。

（此为国外聋人手语）

维也纳　Wéiyěnà

一手打手指字母"V"的指式，表示维也纳市英文名称的首字母，从上向下移动一下。

（此为国外聋人手语）

日内瓦　Rìnèiwǎ

一手拇、食指弯曲，指尖朝内，从脸颊两侧向颏部移动并相捏。

（此为国外聋人手语）

伦敦　Lúndūn

右手伸拇、食指，食指尖朝左，手背向外，在头一侧前后转动一圈。

（此为国外聋人手语）

巴黎（埃菲尔铁塔）　Bālí（Āifēi'ěr Tiětǎ）

双手食、中指分开，指尖朝上，斜向相对，虎口朝内，然后边向上移动边逐渐靠近，仿埃菲尔铁塔的形状。

（此为国外聋人手语）

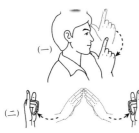

卢浮宫　Lúfú Gōng

（一）一手打手指字母"L"的指式，拇指尖先碰一下前额，再碰一下颏部（此为国外聋人手语）。

（二）双手搭成"∧"形，然后左右分开并伸出拇、小指，指尖朝上，仿宫殿飞檐翘起的样子。

罗马　Luómǎ

　　双手食、中指并拢，指尖分别朝左右斜前方，左手在下不动，右手中指向下碰两下左手食指。

　　（此为国外聋人手语）

威尼斯　Wēinísī

　　双手伸拇、小指，一上一下，各向左右后方划动一下（或者双手伸拇、小指，手背向上，向前转动两圈），如用桨划船状。

　　（此为国外聋人手语）

悉尼　Xīní

　　双手拇、食、中指相捏，虎口朝内，边向中间上方移动边张开，搭成"△"形。

　　（此为国外聋人手语）

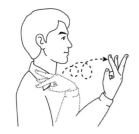

华盛顿　Huáshèngdùn

　　右手食、中、无名指分开，中指在上，食、无名指在下，成三角形，指尖对着右肩，然后旋转移出，指尖朝上。

　　（此为国外聋人手语）

纽约　Niǔyuē

　　左手平伸；右手伸拇、小指，手背向上，贴于左手掌心，前后移动两下。

　　（此为国外聋人手语）

硅谷　Guīgǔ

　　（一）左手握拳，手背向上；右手打手指字母"G"的指式，碰一下左手背后向前移动，表示硅的声母。

　　（二）双手手背拱起，指尖左右相对，然后同时向中间下方转动，指背相对。

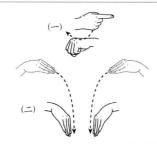

4. 其他

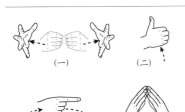

发达国家 fādá guójiā

（一）双手虚握，虎口朝上，然后边向两侧移动边张开五指。

（二）一手伸拇指，向上一挑。

（三）一手打手指字母"G"的指式，顺时针平行转动一圈。

（四）双手搭成"∧"形。

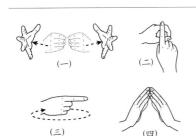

发展中国家 fāzhǎn zhōng guójiā

（一）双手虚握，虎口朝上，然后边向两侧移动边张开五指。

（二）左手拇、食指与右手食指搭成"中"字形。

（三）一手打手指字母"G"的指式，顺时针平行转动一圈。

（四）双手搭成"∧"形。

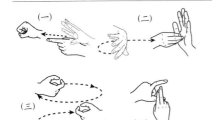

专属经济区 zhuānshǔ jīngjìqū

（一）左手伸食指，指尖朝前，虎口朝上；右手五指张开，掌心向前下方，置于左手食指根部，然后边向前移动边握拳。

（二）左手直立，掌心向右，五指微曲；右手五指张开，掌心向右，边转腕移向左手掌心边撮合，指尖碰向左手掌心。

（三）双手拇、食指成圆形，指尖稍分开，虎口朝上，交替顺时针平行转动。

（四）左手拇、食指成"匚"形，虎口朝内；右手食、中指相叠，手背向内，置于左手"匚"形中，仿"区"字形。

领海 lǐnghǎi

（一）双手横立，掌心向内，五指微曲，从两侧向中间移动，再向后移动。

（二）双手平伸，掌心向下，五指张开，上下交替移动，表示起伏的波浪。

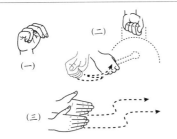

尼罗河 Níluó Hé

（一）一手打手指字母"N"的指式。

（二）左手握拳如提锣；右手握拳如持棒槌，模仿敲锣的动作。"锣"与"罗"音同形近，借代。

（三）双手侧立，掌心相对，相距窄些，向前做曲线形移动。

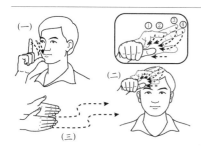

亚马孙河　Yàmǎsūn Hé

（一）一手伸拇、食指，拇指尖抵于颊部，食指尖朝上，然后向左转动两下（此为国外聋人手语）。

（二）右手五指张开，拇指尖抵于前额，手背向上，然后边向右微移边依次弯回小、无名、中、食指（此为国外聋人手语）。

（三）双手侧立，掌心相对，相距窄些，向前做曲线形移动。

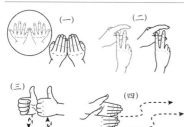

密西西比河　Mìxīxībǐ Hé

（一）双手直立，掌心向内，五指张开，然后并拢，靠在一起。

（二）左手拇、食指成"匚"形，虎口朝内；右手食、中指直立分开，手背向内，贴于左手拇指，仿"西"字部分字形，重复一次。

（三）双手伸拇指，上下交替动两下。

（四）双手侧立，掌心相对，相距窄些，向前做曲线形移动。

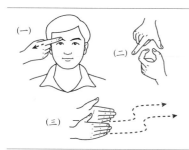

湄公河　Méigōng Hé

（一）一手伸食指，手背向外，摸一下眉毛。"眉"与"湄"音同形近，借代。

（二）双手拇、食指搭成"公"字形，虎口朝外。

（三）双手侧立，掌心相对，相距窄些，向前做曲线形移动。

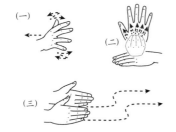

多瑙河　Duōnǎo Hé

（一）一手侧立，五指张开，边抖动边向一侧移动。

（二）左手横伸；右手五指撮合，指尖朝上，置于左手背上，然后开合两下，表示宝石闪烁的光。

（三）双手侧立，掌心相对，相距窄些，向前做曲线形移动。

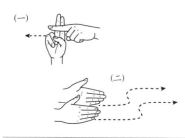

恒河　Héng Hé

（一）左手食指横伸，手背向上；右手打手指字母"H"的指式，贴于左手食指并向右移动。

（二）双手侧立，掌心相对，相距窄些，向前做曲线形移动。

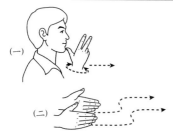

幼发拉底河　Yòufālādǐ Hé

（一）一手伸拇、食、中指，拇指尖抵于颊部，食、中指指尖朝上，然后边晃动手腕边向前移动（此为国外聋人手语）。

（二）双手侧立，掌心相对，相距窄些，向前做曲线形移动。

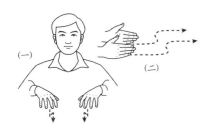

底格里斯河　Dǐgélǐsī Hé

（一）双手五指微曲张开，指尖朝下，向下移动两下（此为国外聋人手语）。

（二）双手侧立，掌心相对，相距窄些，向前做曲线形移动。

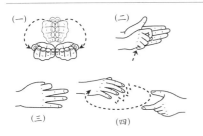

贝加尔湖　Bèijiā'ěr Hú

（一）双手侧立，掌心相合，手背拱起，然后打开。

（二）左手侧立；右手拇、食指捏成圆形，虎口朝左，贴向左手掌心。

（三）一手打手指字母"E"的指式。

（四）左手拇、食指成半圆形，虎口朝上；右手横伸，掌心向下，五指张开，边交替点动边在左手旁顺时针转动一圈。

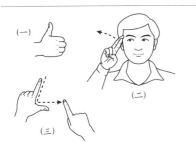

好望角　Hǎowàng Jiǎo

（一）一手伸拇指。

（二）一手打手指字母"X"的指式，先置于太阳穴，然后向外移动，面露期待的表情。

（三）左手拇、食指成"∠"形，手背向内；右手食指沿左手虎口划一下。

马来群岛　Mǎlái Qúndǎo

（一）双手直立，掌心左右相对，五指张开，在头两侧上下交替移动两下。

（二）左手横伸握拳，手背向上；右手拇、食指捏成圆形，虎口朝上，在左手周围不同位置点动几下，表示有许多岛。

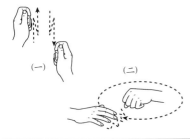

格陵兰岛　Gélínglán Dǎo

（一）双手抬起，食指弯曲，拇指尖抵于食指中部，虎口朝内，上下交替移动两下（此为国外聋人手语）。

（二）左手横伸握拳，手背向上；右手横伸，掌心向下，五指张开，边交替点动边绕左手转动。

阿拉伯半岛　Ālābó Bàndǎo

（一）右手五指微曲，指尖抵于右耳下部，然后向颏部划动一下，仿阿拉伯男子胡子的样子。

（二）一手食指横伸，手背向外，拇指在食指中部划一下。

（三）左手斜伸，手背向上；右手横伸，掌心向下，五指张开，边交替点动边绕左手转动半圈。

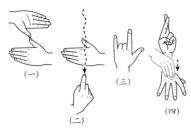

科迪勒拉山系　Kēdílèlā Shānxì

（一）双手横立，拇指尖上下相抵，左手在下，手背向外，右手在上，手背向内。

（二）左手横立，手背向外；右手伸食指，指尖朝内，从左手上方经左手拇指向下做曲线形移动，表示科迪勒拉山系纵贯南北美洲大陆。

（三）一手拇、食、小指直立，手背向外，仿"山"字形。

（四）左手打手指字母"X"的指式，在上不动；右手五指撮合，指尖朝下，边从左手腕向下移动边张开，表示系统。

阿尔卑斯山脉　Ā'ěrbēisī Shānmài

（一）一手食、中指直立分开，在头一侧向后做弧形移动（此为国外聋人手语）。

（二）左手拇、食、小指直立，手背向外，仿"山"字形；右手平伸，手背向上，在左手旁从低向高、从左向右连续做起伏状移动。

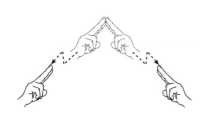

富士山　Fùshì Shān

双手食、中指斜伸，指尖相抵，同时向两侧下方做折线形移动。

（此为国外聋人手语）

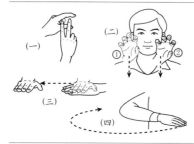

西西伯利亚平原　Xīxībólìyà Píngyuán

（一）左手拇、食指成"⊏"形，虎口朝内；右手食、中指直立分开，手背向内，贴于左手拇指，仿"西"字部分字形。

（二）右手五指弯曲，先虎口贴于脸颊右侧，向下移动一下，再手背贴于脸颊左侧，向下移动一下（此为国外聋人手语）。

（三）左手横伸；右手平伸，掌心向下，从左手背上向右移动一下。

（四）一手横伸，掌心向下，五指并拢，齐胸部从一侧向另一侧做大范围的弧形移动。

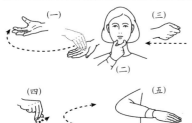

撒哈拉沙漠　Sāhālā Shāmò

（一）左手平伸；右手五指撮合，指尖朝下，置于左手掌心上，然后边向前做弧形移动边张开，掌心向上，如撒物状。

（二）一手拇、食指弯曲，指尖朝内，抵于额部。

（三）一手握拳，向内拉动一下。

（四）一手拇、食、中指相捏，指尖朝下，互捻几下。

（五）一手横伸，掌心向下，五指并拢，齐胸部从一侧向另一侧做大范围的弧形移动。

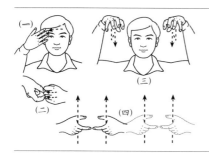

热带雨林　rèdài yǔlín

（一）一手五指张开，手背向外，在额头上一抹，如流汗状。

（二）左手握拳，手背向外，虎口朝上；右手拇、食指微张，指尖朝内，沿左手中、无名指关节间转动半圈。

（三）双手五指微曲，指尖朝下，在头前快速向下动几下，表示雨点落下。

（四）双手拇、食指成大圆形，虎口朝上，在不同位置向上移动两下。

五、地理工具与地理实践

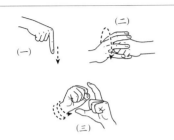

地球仪 dìqiúyí
（一）一手伸食指，指尖朝下一指。
（二）左手握拳，手背向上；右手五指微曲张开，从后向前绕左拳转动半圈。
（三）左手拇、食指成半圆形，指尖朝右上方；右手握拳，置于左手拇、食指间，并向外转动两下。

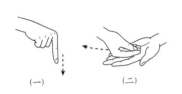

地图① dìtú ①
（一）一手伸食指，指尖朝下一指。
（二）左手横伸；右手五指撮合，指背在左手掌心上抹一下。
（此手语表示非电子形式的地图）

地图②（电子地图①） dìtú ②（diànzǐ dìtú ①）
双手五指张开，手背向上，交叉相搭，然后手腕左右平行转动几下，表示电子导航地图。

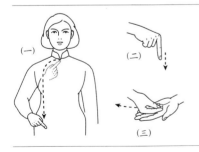

中国地图 zhōngguó dìtú
（一）一手伸食指，自咽喉部顺肩胸部划至右腰部。
（二）一手伸食指，指尖朝下一指。
（三）左手横伸；右手五指撮合，指背在左手掌心上抹一下。

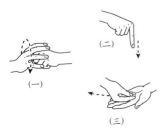

世界地图① shìjiè dìtú ①
（一）左手握拳，手背向上；右手五指微曲张开，从后向前绕左拳转动半圈。
（二）一手伸食指，指尖朝下一指。
（三）左手横伸；右手五指撮合，指背在左手掌心上抹一下。

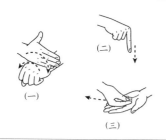

世界地图②　shìjiè dìtú ②

（一）左手握拳，手背向上；右手侧立，置于左手腕，然后双手同时前后反向转动。

（二）一手伸食指，指尖朝下一指。

（三）左手横伸；右手五指撮合，指背在左手掌心上抹一下。

影像地图　yǐngxiàng dìtú

（一）左手横伸，手背向上；右手伸拇、食、中指，食、中指并拢，指尖朝下，置于左手上方，然后向一侧移动。

（二）双手五指张开，手背向上，交叉相搭，然后手腕左右平行转动几下。

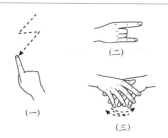

电子地图②　diànzǐ dìtú ②

（一）一手食指书空"彳"形。

（二）一手打手指字母"Z"的指式。

（三）双手五指张开，手背向上，交叉相搭，然后手腕左右平行转动几下。

触觉地图　chùjué dìtú

（一）左手横伸；右手平伸，掌心向下，指尖在左手掌心上来回摸几下。

（二）一手伸食指，指尖朝下一指。

（三）左手横伸；右手五指撮合，指背在左手掌心上抹一下。

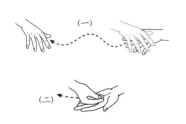

地形图　dìxíngtú

（一）左手横伸，手背向上，五指张开；右手平伸，手背向上，五指张开，从左手背上向右做起伏状移动。

（二）左手横伸；右手五指撮合，指背在左手掌心上抹一下。

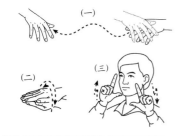

地形模型　dìxíng móxíng

（一）左手横伸，手背向上，五指张开；右手平伸，手背向上，五指张开，从左手背上向右做起伏状移动。

（二）双手平伸，掌心相合，手背拱起，左右翻转两下。

（三）双手拇、食指成"└ ┘"形，置于脸颊两侧，上下交替动两下。

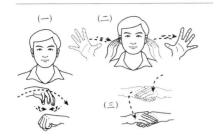

遥感信息技术　yáogǎn xìnxī jìshù

（一）左手握拳，手背向上，虎口朝内；右手五指弯曲，置于左手上方，指尖对着左手，边捏动边绕左手转动半圈，表示遥感卫星边绕地球转动边采集信息。

（二）左手五指撮合，指尖抵于左耳，右手五指张开，掌心向外，然后左手向左移动并张开，掌心向外，右手同时向右耳移动并撮合，指尖抵于右耳，双手重复一次。

（三）双手横伸，掌心向下，互拍手背。

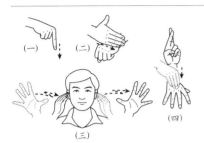

地理信息系统　dìlǐ xìnxī xìtǒng

（一）一手伸食指，指尖朝下一指。

（二）左手握拳，手背向上；右手侧立，沿左手背从后向前移动一下。

（三）左手五指撮合，指尖抵于左耳，右手五指张开，掌心向外，然后左手向左移动并张开，掌心向外，右手同时向右耳移动并撮合，指尖抵于右耳，双手重复一次。

（四）左手打手指字母"X"的指式，在上不动；右手五指撮合，指尖朝下，边从左手腕向下移动边张开，表示系统。

数字地球　shùzì dìqiú

（一）一手直立，掌心向内，五指张开，交替点动几下。

（二）一手打手指字母"Z"的指式。

（三）一手伸食指，指尖朝下一指。

（四）左手握拳，手背向上；右手五指微曲张开，从后向前绕左拳转动半圈。

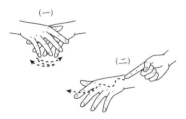
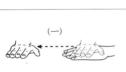

导航（导航地图）　dǎoháng（dǎoháng dìtú）

（一）双手五指张开，手背向上，交叉相搭，然后手腕左右平行转动几下。

（二）左手平伸，五指张开；右手伸食指，在左手背上向前做曲线形移动，表示沿导航路线行进。

（此手语多表示陆地导航）

平面图　píngmiàntú

（一）左手横伸；右手平伸，掌心向下，从左手背上向右移动一下。

（二）左手横伸；右手五指撮合，指背在左手掌心上抹一下。

剖面图　pōumiàntú

（一）左手横伸，手背拱起；右手横立，掌心向内，沿左手外缘向下一切。

（二）左手横伸；右手五指撮合，指背在左手掌心上抹一下。

（可根据实际表示剖面图）

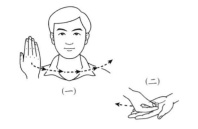

景观图　jǐngguāntú

（一）一手直立，掌心向内，从一侧向另一侧一顿一顿做弧形移动。

（二）左手横伸；右手五指撮合，指背在左手掌心上抹一下。

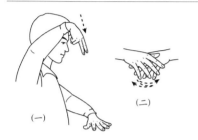

鸟瞰图　niǎokàntú

（一）左手五指张开，手背向上；右手食、中指分开，指尖朝下，置于头前，向下移动一下，头微低。

（二）双手五指张开，手背向上，交叉相搭，然后手腕左右平行转动几下。

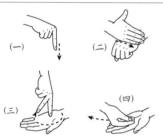

地理制图　dìlǐ zhìtú

（一）一手伸食指，指尖朝下一指。

（二）左手握拳，手背向上；右手侧立，沿左手背从后向前移动一下。

（三）左手横伸；右手食、中指分开，指尖朝下，食指尖抵于左手掌心，中指转动半圈，如用圆规画圆状。

（四）左手横伸；右手五指撮合，指背在左手掌心上抹一下。

（可根据实际表示地理制图）

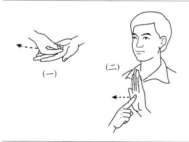

图例　túlì

（一）左手横伸；右手五指撮合，指背在左手掌心上抹一下。

（二）左手直立，掌心向外；右手伸食指，抵于左手掌心，双手同时向前移动一下。

比例尺　bǐlìchǐ

左手食指直立，手背向左；右手食、中指分开，指尖朝前，虎口朝上，先在左手旁向前一点，表示比号，然后直立，掌心向内，五指张开，交替点动几下，表示一比多少的意思。

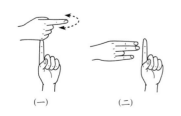

指向标　zhǐxiàngbiāo

（一）左手食指直立；右手伸食指，置于左手食指尖上，左右转动两下。

（二）左手食指直立；右手打手指字母"ZH"的指式，指尖指向左手食指。

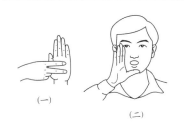

符号　fúhào

（一）左手直立，掌心向外；右手打手指字母"F"的指式，贴于左手掌心上。

（二）一手五指成"⌐"形，虎口贴于嘴边，口张开。

距离❶（里程①）　jùlí ❶（lǐchéng①）

双手横立，掌心向内，左手在后不动，右手向前移动一下，表示距离的动词意思。

距离❷（里程②）　jùlí ❷（lǐchéng②）

双手横立，掌心向内，一前一后，同时向下一顿，表示距离的名词意思。

水平面　shuǐpíngmiàn

（一）一手横伸，掌心向下，五指张开，边交替点动边向一侧移动。

（二）左手横伸；右手平伸，掌心向下，从左手背上向右移动一下。

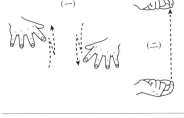

海拔　hǎibá

（一）双手平伸，掌心向下，五指张开，上下交替移动，表示起伏的波浪。

（二）双手拇、食指相捏，指尖上下相对，左手在下不动，右手向上拉动一下。

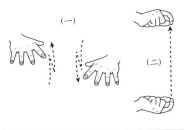

水准零点　shuǐzhǔn língdiǎn

（一）双手平伸，掌心向下，五指张开，上下交替移动，表示起伏的波浪。

（二）左手横伸；右手平伸，掌心向下，从左手背上向右移动一下。

（三）左手横伸，手背向上；右手五指捏成圆形，虎口朝内，置于左手旁。

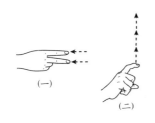

等高距①   děnggāojù ①

（一）右手食、中指横伸分开，手背向外，仿等号形状，从左向右微移一下。

（二）一手拇、食指成"ㄱ"形，虎口朝内，向上一顿一顿移动几下。

等高距②   děnggāojù ②

一手拇、食指成"ㄱ"形，虎口朝内，向上一顿一顿移动几下，然后食、中指横伸分开，手背向内，上下移动几下。

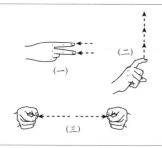

等高线①   děnggāoxiàn ①

（一）右手食、中指横伸分开，手背向外，仿等号形状，从左向右微移一下。

（二）一手拇、食指成"ㄱ"形，虎口朝内，向上一顿一顿移动几下。

（三）双手拇、食指相捏，虎口朝上，从中间向两侧拉开。

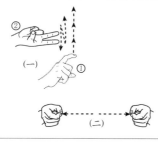

等高线②   děnggāoxiàn ②

（一）一手拇、食指成"ㄱ"形，虎口朝内，向上一顿一顿移动几下，然后食、中指横伸分开，手背向内，上下移动几下。

（二）双手拇、食指相捏，虎口朝上，从中间向两侧拉开。

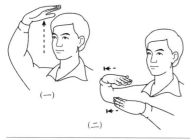

高程   gāochéng

（一）一手横伸，掌心向下，向上移过头顶。

（二）双手横伸，掌心向下，一上一下，同时向前一顿。

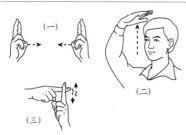

相对高度   xiāngduì gāodù

（一）双手打手指字母"X"的指式，掌心左右相对，从两侧向中间移动少许。

（二）一手横伸，掌心向下，向上移过头顶。

（三）左手食指直立；右手食指横贴在左手食指上，然后上下微动几下。

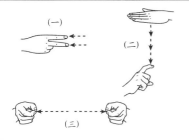

等深线①　děngshēnxiàn ①

（一）右手食、中指横伸分开，手背向外，仿等号形状，从左向右微移一下。

（二）左手横伸；右手拇、食指成"⊐"形，虎口朝内，在左手掌心下向下一顿一顿移动几下。

（三）双手拇、食指相捏，虎口朝上，从中间向两侧拉开。

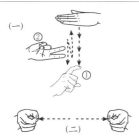

等深线②　děngshēnxiàn ②

（一）左手横伸；右手拇、食指成"⊐"形，虎口朝内，在左手掌心下向下一顿一顿移动几下，然后食、中指横伸分开，手背向内，上下移动几下。

（二）双手拇、食指相捏，虎口朝上，从中间向两侧拉开。

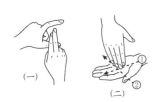

区划　qūhuà

（一）左手拇、食指成"⊏"形，虎口朝内；右手食、中指相叠，手背向内，置于左手"⊏"形中，仿"区"字形。

（二）左手横伸；右手食、中、无名、小指并拢，指尖朝下，在左手掌心上横、竖各划一下。

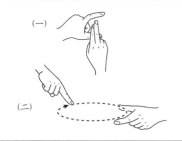

区域　qūyù

（一）左手拇、食指成"⊏"形，虎口朝内；右手食、中指相叠，手背向内，置于左手"⊏"形中，仿"区"字形。

（二）左手拇、食指成半圆形，虎口朝上；右手伸食指，指尖朝下，沿左手虎口划一圈。

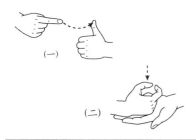

首都　shǒudū

（一）左手伸拇指；右手伸食指，碰一下左手拇指。

（二）左手横伸；右手拇、食指成圆形，指尖稍分开，虎口朝上，移至左手掌心。

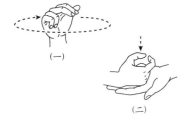

省会（省府）　shěnghuì（shěngfǔ）

（一）一手打手指字母"SH"的指式，顺时针平行转动一圈。

（二）左手横伸；右手拇、食指成圆形，指尖稍分开，虎口朝上，移至左手掌心。

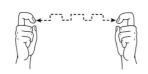

市②（城市）　shì ② (chéngshì)

　　双手食指直立，指面相对，从中间向两侧弯动（或弯动一下），仿城墙"⌐⌐⌐"形，表示直辖市。

城区①　chéngqū ①

　　左手横伸；右手拇、食指成圆形，指尖稍分开，虎口朝上，移至左手掌心。

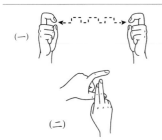

城区②　chéngqū ②

　　（一）双手食指直立，指面相对，从中间向两侧弯动，仿城墙"⌐⌐⌐"形。

　　（二）左手拇、食指成"匚"形，虎口朝内；右手食、中指相叠，手背向内，置于左手"匚"形中，仿"区"字形。

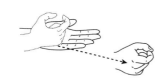

郊区（偏僻）　jiāoqū (piānpì)

　　左手平伸；右手拇、食指成圆形，指尖稍分开，虎口朝上，边从左手掌心上向外移动边相捏。

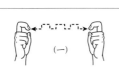

城市街区　chéngshì jiēqū

　　（一）双手食指直立，指面相对，从中间向两侧弯动，仿城墙"⌐⌐⌐"形。

　　（二）双手侧立，掌心相对，向前移动。

　　（三）左手拇、食指成"匚"形，虎口朝内；右手食、中指相叠，手背向内，置于左手"匚"形中，仿"区"字形。

洲界　zhōujiè

　　（一）右手食、中、无名、小指分开，指尖朝下，手背向外；左手食指横伸，置于右手食、中、无名指间，仿"洲"字形。

　　（二）左手横伸，掌心向下；右手食、中、无名、小指并拢，指尖朝下，沿左小臂向指尖方向划动一下。

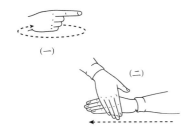

国界　guójiè

（一）一手打手指字母"G"的指式，顺时针平行转动一圈。

（二）左手横伸，掌心向下；右手食、中、无名、小指并拢，指尖朝下，沿左小臂向指尖方向划动一下。

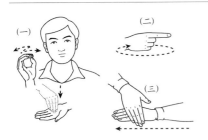

未定国界　wèidìng-guójiè

（一）左手横伸；右手五指撮合，指尖朝下，先按向左手掌心，再五指捏成圆形，虎口朝内，左右晃动几下。

（二）一手打手指字母"G"的指式，顺时针平行转动一圈。

（三）左手横伸，掌心向下；右手食、中、无名、小指并拢，指尖朝下，沿左小臂向指尖方向划动一下。

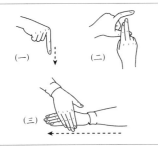

地区界　dìqūjiè

（一）一手伸食指，指尖朝下一指。

（二）左手拇、食指成"匚"形，虎口朝内；右手食、中指相叠，手背向内，置于左手"匚"形中，仿"区"字形。

（三）左手横伸，掌心向下；右手食、中、无名、小指并拢，指尖朝下，沿左小臂向指尖方向划动一下。

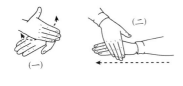

分界线　fēnjièxiàn

（一）左手横伸；右手侧立，置于左手掌心上，并左右拨动一下。

（二）左手横伸，掌心向下；右手食、中、无名、小指并拢，指尖朝下，沿左小臂向指尖方向划动一下。

（三）双手拇、食指相捏，虎口朝上，从中间向两侧拉开。

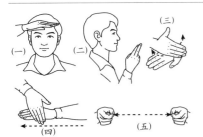

军事分界线　jūnshì fēnjièxiàn

（一）右手横伸，掌心向下，置于前额，表示军帽帽檐。

（二）一手食、中指相叠，指尖朝前上方。

（三）左手横伸；右手侧立，置于左手掌心上，并左右拨动一下。

（四）左手横伸，掌心向下；右手食、中、无名、小指并拢，指尖朝下，沿左小臂向指尖方向划动一下。

（五）双手拇、食指相捏，虎口朝上，从中间向两侧拉开。

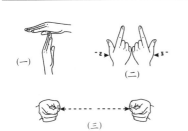

停火线　tínghuǒxiàn

（一）左手横伸，掌心向下；右手直立，掌心向左，指尖抵于左手掌心。

（二）双手伸拇、食指，食指尖朝上，掌心向内，小指下缘互碰两下。

（三）双手拇、食指相捏，虎口朝上，从中间向两侧拉开。

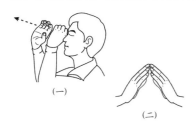

天文馆　tiānwénguǎn

（一）左眼闭拢，双手虚握，虎口朝内，一前一后，置于右眼前，然后右手向前上方移动。

（二）双手搭成"∧"形。

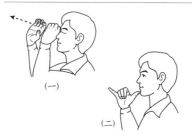

天文台　tiānwéntái

（一）左眼闭拢，双手虚握，虎口朝内，一前一后，置于右眼前，然后右手向前上方移动。

（二）一手伸拇、小指，指尖朝上，拇指尖抵于颏部。

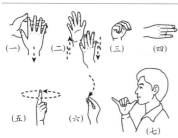

格林尼治天文台①　Gélínnízhì Tiānwéntái ①

（一）双手五指张开，一横一竖搭成方格形，然后左手不动，右手向下移动。

（二）双手直立，掌心左右相对，五指张开，上下交替移动两下。

（三）一手打手指字母"N"的指式。

（四）一手打手指字母"ZH"的指式。

（五）一手食指直立，在头一侧上方转动一圈。

（六）一手五指撮合，指尖朝前，撇动一下，如执毛笔写字状。

（七）一手伸拇、小指，指尖朝上，拇指尖抵于颏部。

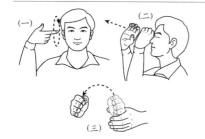

格林尼治天文台②　Gélínnízhì Tiānwéntái ②

（一）右手伸拇、食指，食指尖朝左，手背向外，在头一侧前后转动一圈（此为英国聋人手语）。

（二）左眼闭拢，双手虚握，虎口朝内，一前一后，置于右眼前，然后右手向前上方移动。

（三）左手五指成半圆形，虎口朝上；右手手背拱起，掌心向右，置于左手上，然后向右做弧形移动，表示天文台半圆球形的屋顶。

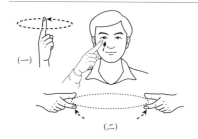

天眼　tiānyǎn

（一）一手食指直立，在头一侧上方转动一圈。

（二）一手伸食指，先指一下眼睛，然后双手拇、食指成大圆形，虎口朝上，从下向上做弧形移动，仿我国天眼的形状。

气象台　qìxiàngtái

（一）一手打手指字母"Q"的指式，指尖朝内，置于鼻孔处。

（二）一手食指直立，在头一侧上方转动一圈。

（三）一手伸拇、小指，指尖朝上，拇指尖抵于颏部。

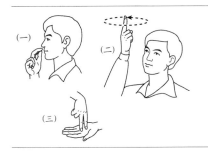

气象站　qìxiàngzhàn

（一）一手打手指字母"Q"的指式，指尖朝内，置于鼻孔处。

（二）一手食指直立，在头一侧上方转动一圈。

（三）左手横伸；右手食、中指分开，指尖朝下，立于左手掌心上。

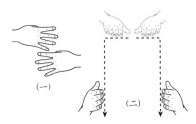

百叶箱　bǎiyèxiāng

（一）双手食、中、无名、小指横伸分开，拇指弯回，手背向外，一上一下。

（二）双手平伸，掌心向下，先向两侧移动少许距离再折而下移。

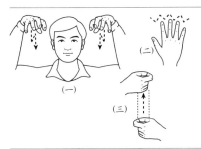

雨量器量筒　yǔliàngqì liángtǒng

（一）双手五指微曲，指尖朝下，在头前快速向下动几下，表示雨点落下。

（二）一手直立，掌心向内，五指张开，交替点动几下。

（三）双手拇、食指捏成圆形，虎口朝上，一上一下，左手在下不动，右手向上移动。

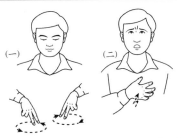

探险　tànxiǎn

（一）双手食、中指分开，指尖朝下，左右交替转动两下，头微低，眼睛注视手的动作。

（二）一手五指微曲，掌心向内，按两下胸部，面露害怕的表情。

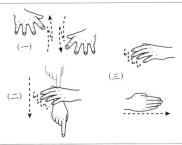

深海潜水器　shēnhǎi qiánshuǐqì

（一）双手平伸，掌心向下，五指张开，上下交替移动，表示起伏的波浪。

（二）左手横伸，掌心向下，五指张开，交替点动几下；右手伸食指，指尖朝下，从左手内侧向下移动较长距离，表示深。

（三）左手横伸，掌心向下，五指张开，交替点动几下；右手食、中、无名、小指并拢，拇指弯回，手背向外，在左手下方向左移动。

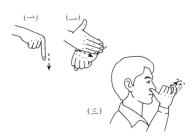

地理实验　dìlǐ shíyàn

（一）一手伸食指，指尖朝下一指。

（二）左手握拳，手背向上；右手侧立，沿左手背从后向前移动一下。

（三）一手伸拇、小指，指尖朝上，拇指置于鼻翼一侧，小指弯动两下。

（"实验"的手语存在地域差异，可根据实际选择使用）

野外考察　yěwài kǎochá

（一）左手平伸；右手拇、食指成圆形，指尖稍分开，虎口朝上，边从左手掌心上向外移动边相捏。

（二）一手食、中指分开，指尖朝前，手背向上，在面前转动半圈，目光随之移动。

（可根据实际表示野外考察的情形）

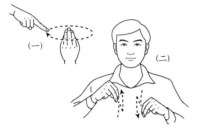

社会调查　shèhuì diàochá

（一）左手五指撮合，指尖朝上；右手伸食指，指尖朝下，绕左手转动一圈。

（二）双手拇、食、中指相捏，指尖朝下，上下交替动两下。

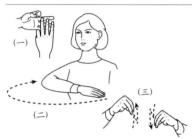

田野调查①　tiányě diàochá ①

（一）双手中、无名、小指搭成"田"字形。

（二）一手横伸，掌心向下，五指并拢，齐胸部从一侧向另一侧做大范围的弧形移动。

（三）双手拇、食、中指相捏，指尖朝下，上下交替动两下。

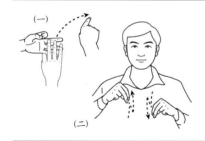

田野调查②　tiányě diàochá ②

（一）双手中、无名、小指先搭成"田"字形，然后左手不动，右手伸食指，向外指一下。

（二）双手拇、食、中指相捏，指尖朝下，上下交替动两下。

观察　guānchá

一手食、中指分开，指尖朝前，手背向上，在面前转动半圈，目光随之移动。

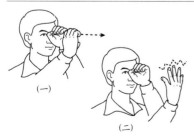

观测　guāncè

（一）双手虚握，虎口朝内，一前一后，左手贴于眼部，右手向前移动。

（二）左手虚握，虎口朝内，贴于眼部；右手直立，掌心向内，置于左手前，五指张开，交替点动几下。

（可根据实际表示观测的动作）

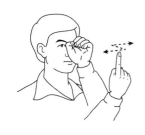

测量　cèliáng

左手虚握，虎口朝内，贴于眼部；右手食指直立，在左手前左右移动，模仿测量的动作。

（可根据实际表示测量的动作）

设计　shèjì

左手横伸，掌心向下；右手伸拇、食、中指，食、中指并拢，指尖朝下，沿左手小指外侧划动两下。

模拟（模仿）　mónǐ（mófǎng）

双手拇、食指搭成"十"字形，同时向一侧移动一下。

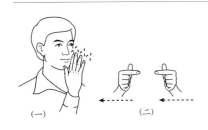

虚拟　xūnǐ

（一）右手直立，掌心向左，拇指尖抵于颏部，其他四指交替点动几下。

（二）双手拇、食指搭成"十"字形，同时向一侧移动一下。

比较　bǐjiào

双手伸拇指，上下交替动两下。

归纳　guīnà

左手五指成半圆形，虎口朝上；右手五指张开，指尖朝下，边从不同方向移向左手虎口内边撮合。

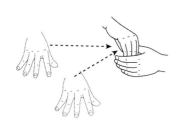

分析　fēnxī

　　左手横伸；右手侧立，置于左手掌心上，并左右拨动两下。

评价（评估）　píngjià（pínggū）

　　左手食指直立；右手伸拇、小指，指尖朝上，在左手食指后交替弯动两下。

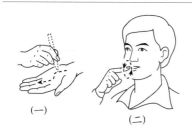

描述（陈述）　miáoshù（chénshù）

　　（一）左手横伸；右手如执笔状，在左手掌心上做写字的动作。

　　（二）一手食指横伸，在嘴前前后转动两下。

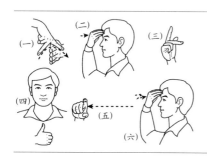

跨学科主题学习　kuàxuékē zhǔtí xuéxí

　　（一）左手横立，掌心向内；右手食、中指叉开，从左手上越过。

　　（二）一手五指撮合，指尖朝内，按向前额。

　　（三）一手打手指字母"K"的指式。

　　（四）一手伸拇指，贴于胸部。

　　（五）一手拇、食指张开，指尖朝前，向一侧移动一下。

　　（六）一手五指撮合，指尖朝内，朝前额按动两下。

六、人名

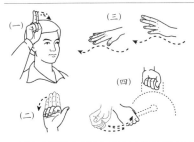

马可·波罗 Mǎkě·Bōluó

（一）一手食、中指直立并拢，虎口贴于太阳穴，向前微动两下，仿马的耳朵。

（二）一手直立，掌心向外，然后食、中、无名、小指弯动一下。

（三）双手平伸，掌心向下，五指张开，一前一后，一高一低，同时向前做大的起伏状移动。

（四）左手握拳如提锣；右手握拳如持棒槌，模仿敲锣的动作。"锣"与"罗"音同形近，借代。

哥伦布 Gēlúnbù

（一）一手伸中指，指尖朝上，指面贴于颏部，然后手直立，掌心贴于头一侧，前后移动两下。

（二）一手打手指字母"L"的指式，顺时针上下转动一圈。

（三）一手拇、食指揪一下胸前衣服。

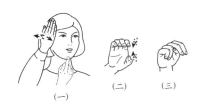

哥白尼 Gēbáiní

（一）一手伸中指，指尖朝上，指面贴于颏部，然后手直立，掌心贴于头一侧，前后移动两下。

（二）一手五指弯曲，掌心向外，指尖弯动两下。

（三）一手打手指字母"N"的指式。

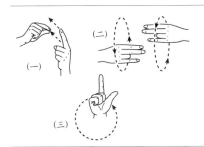

麦哲伦 Màizhélún

（一）左手食指直立微曲；右手拇、食指相捏，在左手食指不同位置向斜上方移动两下，如麦芒状。

（二）双手打手指字母"ZH"的指式，前后交替转动两下。

（三）一手打手指字母"L"的指式，顺时针上下转动一圈。

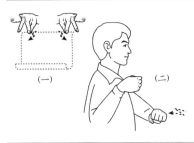

张骞 Zhāng Qiān

（一）双手拇、中指相捏，指尖朝下，微抖几下。

（二）左手握拳，向后移动几下，模仿手握缰绳骑马的动作；右手虚握，虎口朝上，模仿持节杖的动作。

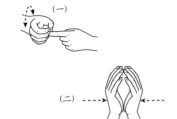

郑和　Zhèng Hé

（一）左手食指横伸，手背向外；右手五指弯曲，套入左手食指尖，然后前后转动两下。

（二）双手直立，掌心左右相对，五指微曲，从两侧向中间移动。

徐霞客　Xú Xiákè

（一）一手打手指字母"X"的指式，碰一下嘴角一侧。

（二）左手横伸，掌心向下；右手五指撮合，指尖朝前，手背向上，置于左手前，然后边向右做弧形移动边张开。

（三）双手平伸，掌心向上，前后交替移动两下。

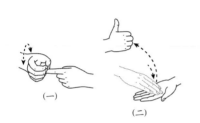

郑成功　Zhèng Chénggōng

（一）左手食指横伸，手背向外；右手五指弯曲，套入左手食指尖，然后前后转动两下。

（二）左手横伸，掌心向上；右手先拍一下左手掌，再伸出拇指。

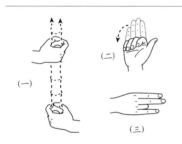

竺可桢　Zhú Kězhēn

（一）双手拇、食指捏成圆形，虎口朝上，上下相叠，左手在下不动，右手向上一顿一顿移动，仿竹的外形。"竹"与"竺"音同形近，借代。

（二）一手直立，掌心向外，然后食、中、无名、小指弯动一下。

（三）一手打手指字母"ZH"的指式。

胡焕庸　Hú Huànyōng

（一）一手拇、食指捏成圆形，虎口贴于脸颊。

（二）左手横立，手背向外；右手食指斜伸，指尖朝左上方，在左手背上向右下方划动一下，表示胡焕庸提出的划分我国人口密度的对比线。

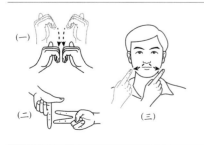

南仁东　Nán Réndōng

（一）双手五指弯曲，食、中、无名、小指指尖朝下，手腕向下转动一下。

（二）左手拇、食指成"亻"形；右手食、中指横伸，手背向外，置于左手旁，仿"仁"字形。

（三）一手伸食指，在嘴两侧书写"丷"，仿"东"字部分字形。

汉语拼音索引

笔画索引

图书在版编目（CIP）数据

地理常用词通用手语 / 中国残疾人联合会组编；中国聋人协会，国家手语和盲文研究中心编 .
-- 北京：华夏出版社有限公司 , 2023.10
（国家通用手语系列）
ISBN 978-7-5222-0465-9

Ⅰ. ①地… Ⅱ. ①中… ②中… ③国… Ⅲ. ①地理—手势语—特殊教育—教材
Ⅳ. ① H126.3 ② G762.4

中国国家版本馆 CIP 数据核字 (2023) 第 013056 号

地理常用词通用手语

组 编 者　中国残疾人联合会
编　　者　中国聋人协会　国家手语和盲文研究中心
项目统筹　曾令真
责任编辑　王一博　李亚飞
美术编辑　徐　聪
装帧设计　王　颖
责任印制　顾瑞清

出版发行　华夏出版社有限公司
经　　销　新华书店
印　　装　三河市少明印务有限公司
版　　次　2023 年 10 月北京第 1 版
　　　　　2023 年 10 月北京第 1 次印刷
开　　本　787×1092　1/16 开
印　　张　14
字　　数　313 千字
定　　价　49.00 元

华夏出版社有限公司　地址：北京市东直门外香河园北里 4 号　邮编：100028
网址：www.hxph.com.cn　电话：（010）64663331（转）
若发现本版图书有印装质量问题，请与我社营销中心联系调换。